OCÉANOGRAPHIE

Mircea Eliade

OCÉANOGRAPHIE

Traduit du roumain
par Alain Paruit

Méandres
L'HERNE

Édité avec le concours du Centre
National du Livre pour la traduction

41, rue de Verneuil, 75007 Paris

UNE PRÉFACE PROPREMENT DITE

J'ai longuement hésité avant d'écrire une préface, car il eût été plus simple de mettre quelques mots en exergue. Par exemple : « Ce livre n'est pas un livre de pensée mais de compréhention. » Car c'est effectivement ce qu'il est. Ceux qui y chercheront de la dialectique, des démonstrations ou des controverses seront déçus. Lorsque j'ai écrit les pages qui suivent, ce n'était pas la pensée proprement dite qui m'intéressait, mais la compréhension. Laquelle, comme tout un chacun peut le constater, est totalement distincte de la « pensée ». Nous pouvons penser tant et plus et pourtant ne rien comprendre. La différence essentielle entre la jeunesse et la vieillesse, c'est que la première pratique la pensée, tandis que la seconde a accédé à la compréhension.

Comme il s'agit simplement d'un livre de « compréhension », donc d'expérience personnelle et d'affirmation, je craignais qu'il ne fût pris pour ce qu'il n'est pas en réalité. Je craignais surtout qu'on ne le liât trop à moi, en tant qu'individu et qu'auteur, alors qu'il n'est lié à rien; si ce n'est, peut-être, à des faits fortuits qu'aujourd'hui j'ai oubliés moi-même. Aucune page n'a été écrite « en réfléchissant », aucune conclusion n'a été tirée dialectiquement. Il n'y a dans ce livre que des constatations, des témoignages; pas dans le sens d'une confession dramatique, mais d'une simple présence; un témoignage sur quelque chose que j'ai vu ou compris; une déposition. Aussi, bien qu'il concerne des faits et des états d'âme qui me sont tout à fait personnels, il me paraît être ce que j'ai écrit de plus « impersonnel ». Ce paradoxe apparent n'en sera pas un pour ceux qui savent que seul le vécu dépouillé, authentique, peut devenir un « fait »; autrement dit, qu'on peut le dépasser, l'oublier, qu'il peut survivre à la mémoire.

Cette préface que je suis en train d'écrire m'intimide, je dois l'avouer. Je pense que j'aurais dû en adjoindre une à chacun des livres que j'ai publiés. Non pas pour les justifier ou les expliquer (ce qui n'aurait d'ailleurs rien de honteux). Mais pour indiquer pourquoi et comment ils ont été écrits. Il est possible que de telles préfaces ne disent rien au lecteur ou même qu'il les trouve abusives. Étrange injustice, selon moi, à laquelle j'ai décidé de remédier dans ce livre. Car je tiens absolument à dire ici tout ce que je n'ai pas pu dire dans les préfaces de mes autres livres. Si je suis un peu intimidé en ce moment, cela est dû à la multitude des confessions, si longtemps suspendues.

Je voudrais écrire un guide pour le lecteur tout en continuant à parler de moi. J'ai d'ailleurs envie depuis longtemps de rédiger un manuel d'introduction à la technique et à la volupté de la lecture. J'ignore si je le commencerai jamais. Ce que je veux écrire présentement est très simple : une invitation au lecteur l'engageant à lire ce livre tel qu'il a été improvisé. Chesterton affirme quelque part que, lorsqu'on est pressé, on prend le chemin le plus long. Je ne sais pas si ce mot reflète strictement la vérité. Mais je suis sûr que, lorsqu'on est pressé, on prend le chemin le plus dangereux, le plus dramatique. D'un naturel très tranquille, très calme, je suis gagné par la panique à chaque fois que je dois écrire pour le public ou parler devant un certain public. (Ceux qui ont eu l'occasion de m'écouter savent que je bafouille péniblement et que j'ai le plus grand mal à suivre le fil de ma pensée.) J'ai alors l'impression que les gens attendent de moi une vérité dont ils ont un besoin urgent, sans laquelle ils étoufferont, se perdront, s'effondreront. Toute incitation au calme et à la présence d'esprit est inutile. Je crois devoir dire vite certaines choses, certaines choses graves, portant à conséquence. Et alors je me dépêche, je saute les obstacles, je fais des fautes de langue et de logique (mais quelle importance à cela?), uniquement pour atteindre mon but le plus rapidement possible.

Ce qui est ridicule, c'est que ce « but » n'a rien de dramatique en soi. Il n'est ni révélation, hélas pour moi! ni mystère, ni prophétisme. Il est purement et simplement une invitation à *comprendre*, à connaître certaines choses qui sont autour de nous ou dans notre cœur. Notamment une chose tellement simple et accessible à l'esprit humain que, si je ne me hâtais pas, je ne la dirais pas. Et pourtant, le sentiment de panique persiste chaque fois que je suis appelé à écrire ou à parler. Parce que persiste l'impression qu'il s'agit de choses essentielles et urgentes, de comptes qui doivent être apurés tant qu'il est encore temps.

Tant qu'il est encore temps? Mais, Dieu merci, nous avons largement le temps, me direz-vous. Je n'en crois rien. Je crois que nous sommes maudits, condamnés à consumer inutilement notre temps et que, si nous ne le « perdons » jamais, cela ne signifie pas que *nous l'avons*, que nous le maîtrisons, que nous le fécondons. Mais ceci figure ailleurs dans ce livre et je ne vais donc pas le développer ici.

Bref, que vous me donniez raison ou non, j'ai senti

les choses ainsi et je les ai écrites ainsi. Avec une hâte dramatique. Or, pour que vous lisiez mon livre en participant tant soit peu, vous devez le faire sans hâte ni passion. On peut lire en se pressant un texte composé lentement, soigneusement, avec un contrôle parfait. La pensée qui le sous-tend est limpide, rigoureuse, rectiligne. Ce qui n'a pas été saisi au premier glissement des yeux peut être reconstitué presque automatiquement, deviné sans aucun effort.

Il en ira tout autrement s'il s'agit d'un texte écrit à la va-vite, pour exprimer certaines choses rapidement et dramatiquement. Si vous allez vite aussi en le lisant, il n'aura plus aucun sens. Car ce qui intéresse là, ce ne sont pas le dénouement, « les conclusions » (comme dans un texte bien mûri), mais les divagations, les lapsus calami, les parenthèses, les hésitations. Il y a des lacunes que votre imagination doit combler. Il y a des phrases qui paraissent paradoxales parce que l'auteur n'a pas eu le temps de les élaguer ou de les reformuler et qu'il n'a pas eu le cœur de les éliminer de son manuscrit. Il y a des obstacles qu'il a ignorés, sciemment ou non. (Mais n'en soyez pas dupes. Ce sont souvent des trompe-l'œil. Si l'auteur ne les a pas mentionnés, cela ne signifie pas toujours qu'il les a évités; après réflexion, il a estimé qu'ils ne résisteraient pas, et il est passé plus loin.)

Tout, dans un livre improvisé, fébrile, dramatique, vous invite au contrôle. Entendons-nous cependant : il ne s'agit pas d'un « esprit critique » en éveil permanent, mais d'une lucidité de la psyché. « L'esprit critique » n'a que faire ici. Il aurait la victoire trop facile. Il ne s'agit pas de surprendre l'auteur en flagrant délit d'insuffisance, de contradiction ou même d'incohérence. Croyez-moi, je suis aussi intelligent que chacun de vous et je me rends compte de toutes les imperfections et de tous les abus de confiance que contient ce livre.

Je les y ai pourtant laissés. Soit parce que, depuis l'époque où j'ai écrit ces textes, j'ai tellement modifié mes opinions (il serait plus précis de dire que j'ai choisi *d'autres* points de vue) que mes erreurs d'il y a quelques années ne m'intéressent plus, car elles ne m'appartiennent plus; soit parce qu'elles sont présentées dans un système de parenthèses et de divagations qui restent intéressantes en tant que telles, quelles que soient les conclusions auxquelles elles conduisent.

Ne relâchez donc pas votre contrôle et votre vigilance face aux tentations dramatiques, mais renoncez au petit jeu qui consisterait à me prendre la main dans le sac. Entre nous soit dit, quelle importance peuvent avoir toutes mes « erreurs » ou celles d'autrui? Les erreurs d'un homme sont graves seulement quand rien d'autre ne se cache derrière elles que la médiocrité, la suffisance ou la conscience professionnelle. Si un auteur de manuels de philosophie fait des erreurs de logique ou d'histoire, alors c'est grave. Si un économiste ou un historien ou un critique commet couramment des erreurs – volontairement ou non –, c'est même extrêmement grave. Mais qu'importent les erreurs, les contradictions, les incohérences dans un livre comme celui-ci? Moi, je ne fais ni de l'histoire, ni de la critique, ni de la philosophie. Je dirai même plus : si je faisais de la philosophie ou de l'histoire et s'il m'arrivait d'avancer dans mes écrits de nouvelles interprétations ou des points de vue inédits, mes « erreurs » n'auraient malgré tout aucune importance. (A condition, bien entendu, que je propose quelque chose de positif, de nouveau, d'important.) Mon professeur de persan, Lucien Bogdanov, commençait son cours en nous signalant, dès la première page du *Grundriss der neupersischen Etymologie* de Horn des fautes si graves que, disait-il, nous raterions notre examen si nous les faisions. Mais il ajoutait : « Je souhaite qu'à l'issue de vingt-cinq ans d'études vous ayez réussi à assimiler ne fût-ce que la moitié de la substance de ce livre génial. » N'en va-t-il pas de même en matière de philosophie? Les systèmes qui ont réellement fécondé le temps et ont fait faire un pas de plus à la connaissance philosophique ne sont-ils pas tous pleins de diverses « erreurs »? Seuls sont parfaits les commentaires, les résumés, les monographies.

Voilà donc pourquoi je n'ai pas peur des erreurs que j'ai été obligé de faire et que, je l'espère, je continuerai à faire aussi longtemps que je resterai un homme vivant. Et ce, non parce que je crois avoir « créé » je ne sais quel « système » de pensée dont je pourrais m'enorgueillir, mais tout simplement parce que c'est selon d'autres critères qu'on doit juger ce livre. Mais il faut en premier lieu que vous me croyiez sur parole. Je ne doute pas que ce soit difficile et c'est pourquoi j'ai tenu à introduire ce propos liminaire. Difficile aussi parce que n'importe qui peut se présenter devant vous en recourant à la même technique dramatique, en refusant de se justifier au moyen d'arguments. La sincérité et l'authenticité peuvent être – même elles – parfaitement simulées. Je m'y suis essayé à quelques reprises et j'ai obtenu des effets impressionnants. Néanmoins, je vous prie de me croire sur parole. Je vous aiderai moi-même à m'accorder votre confiance.

Primo, un grand, un très grand nombre des pages qui suivent ne m'appartiennent pas. Je refuserais de les écrire aujourd'hui. J'ai beaucoup appris ou oublié depuis l'époque où je les rédigeais. Si je les republie aujourd'hui, c'est parce que je crois à la pureté de la source qui les abreuvait, parce que je sais comment elles furent écrites : en éprouvant le besoin irrépressible de dire une chose urgente et capitale, que je n'ai pourtant jamais pris le temps de dire jusqu'au bout.

Secundo, je dois vous avouer que, au plus profond de mon âme, je suis quelque peu différent de celui qui apparaît dans ce livre ou dans mes autres livres. Je suis, quand il s'agit des textes des autres, quelqu'un de très correct, qui peut travailler jusqu'à cinq ans pour écrire un petit traité scientifique. Mais je me hâte terriblement quand il s'agit d'écrire mes pensées ou mes sentiments. Tandis que j'ai des scrupules infinis envers tout ce qui suppose de la technique, de l'érudition, de la réflexion. Dans le présent livre, la technique, l'érudition et la réflexion sont méprisées d'un certain point de vue : celui de la création, de l'histoire en marche. Mais, ainsi que les ornements, on ne peut les mépriser que si on en a en abondance.

Si donc vous me faites une certaine confiance, si vous lisez les pages qui suivent avec la lucidité du cœur, sans user d'une critique ou d'une grammaire qui n'ont que faire ici, vous y trouverez toutes sortes de divagations qui pourraient vous intéresser. Ce qui est atroce dans les résultats d'une écriture dramatique, c'est qu'ils finissent par passer pour des divagations. Il en va ainsi de toutes les apocalypses, et de toutes les fraudes littéraires. Lorsqu'on veut dire vite une chose essentielle, on la dit d'une façon pas seulement dramatique, mais aussi un peu ridicule. Pour ma part, cela ne m'effraie pas. Tout ce qui est central, essentiel, irréversible dans notre existence prend l'apparence du ridicule. Une déclaration d'amour est une divagation pleine de ridicule pour une tierce personne. Une agonie exprimée par des mots est également une divagation ridicule. Et combien d'autres ne le sont-elles pas? La faim, l'ivresse, la charité, la joie – connaissez-vous des bégaiements plus ridicules que l'expression de ces expériences décisives et essentielles pour un homme véritable?

Ainsi donc, ce n'est pas de la divagation que j'ai

peur. Comme je le disais quelque part, dans ce livre-ci d'ailleurs, je crois que la divagation authentique coïncide avec le geste même de la vie : l'écoulement, la croissance, l'insensible transformation organique. Je crains seulement que le lecteur ne se laisse entraîner par le caractère alerte et familier de ces divagations et qu'il ne s'arrête pas sur les sens nouveaux dans lesquels sont employés ci-dessous de nombreux mots usuels. J'attire l'attention là-dessus sans le moindre soupçon d'orgueil ou de fatuité littéraire. Il s'agit là de tout autre chose. Un texte dramatique – pure divagation fascinée par la cible qu'elle veut rendre accessible, qu'elle veut préciser – néglige dans son processus d'expression l'exactitude sémantique. Lorsqu'on veut à tout prix décrire une chose vue nettement devant soi et dont on trouve les contours d'une précision obsédante, on s'exprime au hasard. On se sert des premiers mots qui viennent sous la plume. La présence de l'idée qu'on veut rendre claire est trop troublante pour le vocabulaire qu'on a. C'est pourquoi de nombreux mots (aventure, expérience, temps, fait, pensée, occurrence, etc.) acquièrent ici des sens nouveaux. Un peu d'attention et très peu de bonne volonté suffiront pour que le contexte leur donne assez de clarté.

Le caractère de divagation et d'improvisation de ces pages n'est nullement reflété par le titre du volume : *Océanographie*. L'analyse océanographique suppose une technique bien maîtrisée, beaucoup de patience et, surtout, une capacité analytique précise, dont je n'ai absolument pas fait preuve dans ce livre. Son titre n'est pourtant pas dénué de sens. D'un sens que j'apprécie aujourd'hui encore; et pour l'éclairage duquel je me permets de reproduire ci-dessous un article publié il y a quelque temps déjà sous ce même titre.

UNE PRÉFACE PROPREMENT DITE

Je n'ai nullement l'impression que les zones les moins éclairées d'une âme contemporaine soient les activités subconscientes et inconscientes. Je crois, au contraire, que les obscurités les plus imperméables et les plus dangereuses se trouvent dans les intentions et les gestes considérés par tout le monde comme clairs, évidents, simples et éternellement valables. Posez autour de vous des questions sur les faits les plus immédiats et décisifs, et vous constaterez à quel point ils demeurent opaques, inertes ou compliqués dans la sensibilité et l'intelligence des gens. Tel homme pourra vous parler longuement de sa mémoire, de ses rêves et de ses superstitions, de ses doutes, de ses nostalgies, de ses regrets, mais il sera incapable de formuler deux phrases cohérentes sur un sujet jugé essentiel ou allant de soi, par exemple pourquoi il fait ceci ou cela, pourquoi il parle, pourquoi il va tous les matins au travail; ou encore, d'où lui vient la certitude qu'une chose est bonne et l'autre mauvaise, que l'une doit être accomplie et l'autre évitée ou dissimulée, etc.

Je trouve bien plus obscurs et compliqués ces « simples » faits que chacun de nous répète toute sa vie sans s'interroger sur leur validité ou leur efficacité, convaincu qu'ils doivent être et rester ainsi. Les superstitions[1] *ne doivent pas être cherchées seulement dans ce qui nous paraît obscur; les actes fondamentaux de notre vie psychique sont eux-mêmes de nature superstitieuse. C'est-à-dire qu'ils participent d'un automatisme dans lequel nous ne tentons jamais d'intervenir; nous les effectuons par crainte ou par habitude, nous croyons à leur réalité sans l'examiner; nous n'essayons ni de les dépasser ni de les modifier; en un mot, nous sommes vécus par la vie au lieu de la vivre; et la superstition parfaite consiste à abdiquer complètement toute autonomie, tout arbitrage,*

1. Dans ses écrits de l'entre-deux-guerres, Mircea Eliade employait très souvent « superstition » pour « préjugé ». *(N.d.T.)*

toute liberté. Nous devenons des automates en devenant superstitieux. Et on ne trouve nulle part plus de superstitions que dans la conscience d'un moderne, aussi instruit qu'il soit et au fait des sciences du siècle.

Nous nous trompons en tenant pour superstitieux les peuples « primitifs » ou les autres races. Leurs superstitions sont seulement des échouages devant une intuition précise du monde. Elles sont des appréhensions erronées ou imparfaites, des fragments d'une vision globale, d'une Weltanschauung, *mais elles sont vivantes, elles constituent les cadres organiques d'une expérience perpétuelle, elles ont une structure.*

Les vrais superstitieux, ce sont les modernes, les civilisés, et non les « sauvages ». Car la confiance des premiers est soumise à toutes sortes d'automatismes au sujet desquels personne ne se pose de questions et que tous supportent jusqu'à la mort. Le défunt positivisme a été particulièrement fertile en systèmes de superstitions que les élites et, à leur suite, le public embrassaient avec une incohérence et une assurance stupéfiantes. Après tant de générations impuissantes qui, incapables de méditer sur les réalités, ne pensaient que de façon automatique, superstitieuse, il me semble que l'intelligence elle-même s'est altérée. Dans un certain sens, on peut parler du crépuscule de l'intelligence dans notre civilisation.

La validité de l'intelligence ne réside pas seulement dans la perfection de son fonctionnement, mais aussi et surtout dans son application à l'objet nécessaire. L'intelligence peut s'exercer parfaitement sur un objet autre que celui requis par l'acte de pensée. Voilà pourquoi il y a tellement de gens « intelligents » parmi nous : parce que nous entrons dans une nouvelle scolastique, dans l'acception péjorative du terme. Nous pensons parfaitement, nous pensons magnifiquement, mais pas à propos des « bons » objets, des objets requis. Il y a ainsi une infinité d'« objets » qui échappent aux modernes (pour des raisons que nous n'avons pas à étudier ici, bien que leur histoire soit fascinante et édifiante) ; par exemple le symbole, incompréhensible à notre époque. Les penseurs contemporains les plus habiles sont incapables de comprendre directement *un symbolisme organique tel que celui d'une culture étrangère (qu'elle soit asiatique ou amérindienne) ou d'un hermétisme européen antérieur aux Lumières. Ils ont besoin d'une* clé, *d'un instrument ouvrant automatiquement le système de symboles. De surcroît, il sont incapables de penser en symboles, parce qu'ils ont une peur superstitieuse de la superstition, ce qui les paralyse. Or, le symbole est selon moi un objet essentiel pour l'intelligence ; j'estime qu'une intelligence qui se veut valide et complète ne peut pas se priver des jugements symboliques, pas plus que des intuitions symboliques. Le symbole étant indispensable à une vision libre et personnelle de l'existence, son absence dans la pensée des modernes me rend très circonspect à leur égard.*

Mais ce n'est pas tout. Prenez l'ontologie ou l'anthropologie et vous verrez qu'elles ont perdu leur sens dans l'esprit des contemporains, y compris chez les professeurs de philosophie. Il est devenu extrêmement rare qu'un moderne comprenne le sens de l'existence. Encore plus rare qu'il comprenne l'homme ou sa destinée. Alors, on se demande si l'intelligence n'a pas trop longtemps tourné à vide, s'exerçant sur des objets sans intérêt ou sur moins d'objets qu'il était strictement nécessaire. La plupart des gens que j'ai rencontrés éludaient bon nombre des questions qu'on leur posait. La superstition la plus dangereuse consiste à ignorer certaines questions fondamentales ou à y répondre automatiquement, par une simple formule qui, à l'analyse, se révèle dépourvue de sens.

Déceler ces manques de sens dans la vie quotidienne des modernes constitue un exercice stimulant et fort. C'est pourquoi je disais ci-dessus qu'on trouve dans leur lumière supposée, dans leurs gestes et leur intellection ordinaires, les zones les moins éclairées. On a parlé de mécanisation et ce mot circule avec succès depuis la guerre. Mais je ne vois pas ce que les machines ont en commun avec les hommes. Renoncer à son humanité conduit à la brute ou au démon, jamais à la machine. Il est absurde de croire qu'une mécanisation complète transformera l'homme en machine. Non : *elle le transformera en bête. La machine a une... allez! appelons-la « psychologie » très simple; elle est douce, elle est transparente dans ses désirs et ses possibilités, elle est, surtout, l'image d'un ordre intérieur et d'un sens de la hiérarchie très impressionnants. Nous ne devons pas avoir peur des machines ni éviter leur commerce. Aujourd'hui, lorsque « les humanités » sont si peu fréquentées, le spectacle des machines est une propagande admirable pour l'ordre, pour la hiérarchie, pour le style. La technique aussi a son classicisme, que nous pouvons conforter et promouvoir. Le péril vient de la bête ou du démon, de la liberté mal comprise, du libertinage, ce qui n'est pas dû au machinisme, mais au manque de sens d'un nombre effarant d'actes essentiels dans la vie de tous les modernes.*

Il y a autour de nous des gens qui comprennent beaucoup de choses, mais qui ne se demandent jamais pourquoi ils vivent, pourquoi ils acceptent les critères éthiques de toute la société, pourquoi ils fuient la sincérité, pourquoi ils supportent jour après jour une existence qui pourrait être différente. Et pourtant, les questions de ce genre n'appartiennent pas à la classe des devinettes qu'on appelle aujourd'hui des « problématiques » (et qu'on peut d'ailleurs oublier sans inconvénient); elles devraient jaillir du tourbillon de la conscience, elles devraient faire terriblement mal heure après heure, aussi longtemps qu'on n'y a pas répondu. Elles ont quelque chose d'urgent et de décisif dans leur énoncé. Pourtant, bien qu'on suppose qu'elles se trouvent derrière chaque fait « clair » et « simple » de notre vie quotidienne, elles restent toujours sans réponse, toujours oubliées; et les hommes croient les avoir résolues il y a longtemps déjà, depuis qu'ils pensent que, par exemple, la terre est ronde, Dieu n'existe pas, eux-mêmes descendent des primates, etc.

Une très surprenante et riche moisson attend l'océanographe de l'âme contemporaine. Poussés par je ne sais quel élan exagéré, nous plongeons tous directement dans les abysses, dans les zones du limon originel et des « refoulements », afin de déchiffrer un peu mieux la vie psychique. Nous n'avons pas besoin de descendre aussi profondément. Les grandes énigmes, nous les trouverons à la surface, au grand jour et en toute simplicité.

Cette tentative d'examiner la vie quotidienne de l'âme, de résoudre à nouveau, sérieusement, les problèmes simples – que personne ne prend plus en considération parce qu'ils sont trop grands ou trop simples –, je l'appelle *océanographie*. Ce qui me trouble le plus chez mes contemporains (et souvent chez moi-même), c'est un étrange oubli du sens premier de l'existence, un désintérêt envers les nécessités les plus urgentes de notre intelligence. Il y a des gens qui savent tout de l'éthique, mais qui ne se sont jamais demandé ce que signifiait une amitié véritable. Il y en a d'autres qui se vantent des choses qu'ils ont faites et des problèmes qu'ils ont résolus, alors que leur simple présence est un vrai prodige. Tous les mots de notre vocabulaire le plus usuel cachent des miracles. Il suffit d'en tenir compte. Bon nombre des pages de la première partie de ce livre ont été écrites dans l'espoir qu'après leur lecture quelques hommes au moins sauront voir ces miracles.

Je ne peux certes pas dire que j'accepte encore tout ce que j'ai écrit il y a quelques années, mais alors ce sont des pages qui n'ont plus aucun rapport avec moi, avec ce que je pense aujourd'hui. Peut-être ai-je envie maintenant de construire tout un « système »; auquel cas je serai obligé de sacrifier bien des idées, faute de pouvoir les placer côte à côte correctement et harmonieusement. Cette ambition qui est mienne ne concerne pas le lecteur, ses goûts et ses besoins. Lorsqu'il s'agit de compléter sa propre pensée, chaque être humain est seul concerné. Ses expériences et ses étapes, si elles constituent réellement des *faits*, dans le sens donné à ce mot au début de ma préface, valent toujours par ce qu'elles expriment d'authentique et de substantiel.

Je voudrais également attirer l'attention sur un autre groupe de pages, le recueil de « Fragments » situé à la fin du volume. Ne vous laissez pas abuser par leur aspect concentré, laconique et quelque peu sentencieux. Ils ne sont pas extraits du cahier d'un philosophe, mais du journal d'un jeune homme. Ils sont brefs parce que je les ai écrits tout à loisir. Ils sont schématiques parce que je les ai écrits d'abord pour moi-même, pour mon propre éclaircissement. Je me proposais régulièrement de les reprendre, de les coordonner et de les publier sous la forme d'un tout organique. Je ne l'ai pas fait, pour des raisons aussi nombreuses que variées. Mais je ne doute pas que, tels qu'ils se présentent, ils peuvent intéresser, pour leur part d'expérience et d'observation personnelles, ou encore pour leurs vertus polémiques.

En ce moment, assis devant une pile de feuilles blanches, je trouve tellement de choses à dire que, si je me laissais entraîner, je risquerais de dépasser les limites imparties à une préface. Et ce seraient peut-être, pour certaines, des choses qui figurent déjà ailleurs dans ce livre. Ce qu'on dit souvent et sincèrement, on l'oublie vite. Je serais heureux de savoir que vous trouverez la suite dès la première page (déjà publiée il y a longtemps) qui vous attend ci-après.

Mircea Eliade

Octobre 1934

INVITATION AU RIDICULE

Selon moi, le ridicule est l'élément dynamique, créateur et nouveau dans toute conscience qui se veut vivante et qui expérimente sur le vif. Je ne connais aucune transfiguration de l'humanité, aucun bond audacieux dans la compréhension, aucune féconde découverte passionnelle qui n'ait semblé ridicule à ses contemporains. Mais ce n'est pas là une preuve suffisante; car tout ce qui dépasse le présent et la limite de la compréhension paraît ridicule. Il y a un autre aspect du ridicule et c'est celui qui m'intéresse : *la disponibilité,* la vie éternelle, la fécondité éternelle d'un acte, d'une pensée ou d'une attitude ridicule. Le ridicule nous en apprend toujours : on peut l'assimiler ou l'interpréter à sa guise, on est libre d'y puiser ce qu'on veut et d'en faire tout ce qu'on a envie. Il n'en va pas de même pour ce qui est rationnel, justifié, vérifié, reconnu. Il s'agit là de vérités ou d'attitudes ne concernant pas la vie qui s'apprête à apparaître. Elles font faire du surplace au monde. Personne ne les conteste, personne ne doute de leur véracité. Elles sont mortes. Leur victoire est leur pierre tombale. Elles sont bonnes pour les familles, les institutions et la pédagogie.

Lisez un bon livre, un de ces livres parfaitement écrits, parfaitement construits, remarqués par les critiques, approuvés par le public, couronnés de prix. Un bon livre, c'est-à-dire un livre mort. Il est si bon qu'il n'ébranle en rien notre marasme et notre médiocrité; au contraire, il s'intègre parfaitement à nos menus idéaux, à nos petits drames, à nos piètres vices, à nos pauvres nostalgies. C'est tout. Dans dix ans ou dans cent, plus personne ne le lira.

Tout ce qui n'est pas ridicule est caduc. Si je devais définir l'éphémère, je dirais que c'est toute chose « parfaite », toute pensée bien exprimée et bien cernée, tout ce qui se montre rationnel et justifié. La médiocrité a le plus souvent pour attributs « parfait » et « définitif ». Les tomes de philosophie d'un professeur de province français sont beaucoup mieux écrits, beaucoup plus cohérents, rationnels et sérieux que tel ou tel pamphlet du XIXe siècle qui féconda des dizaines de pensées et fut commenté dans des dizaines de livres. Éviter le ridicule signifie refuser sa seule chance d'immortalité. Son seul contact direct avec l'éternité. Un livre qui n'est pas ridicule ou une pensée qui est unanimement applaudie d'emblée a renoncé du fait même de son succès à toute potentialité, à toute possibilité d'être repris et continué.

Voici ce que je crois être une bonne définition du ridicule : ce qui peut être repris et approfondi par quelqu'un d'autre. Je ne parle pas du ridicule machinal, de celui d'un type courant après son canotier ou de celui d'une jeune fille voulant passer pour une femme fatale. C'est là un ridicule superficiel, un ridicule social créé par des automatismes et des inhibitions, sans fécondité spirituelle, comme tout acte réflexe.

Mais pensez au ridicule de Jésus, qui affirmait sans en démordre être le fils de Dieu; au ridicule d'un don Quichotte, qui agonisait parce que les gens (des gens de sens rassis, des gens raisonnables, des gens ayant peur du ridicule, des gens morts) refusaient de prendre une maritorne pour sa dulcinée; ou au ridicule de Gandhi, qui, à la diplomatie et à l'artillerie britanniques, oppose la non-violence, la vie intérieure et la force de la contemplation. Imaginez toutes les sources de vie, toutes les graines et toute la sève qu'ont trouvées et que trouveront encore les gens – quand les traces des créateurs « parfaits » auront disparu depuis des milliers d'années – dans la vie et la pensée de ces hommes absolument ridicules.

Tout acte qui n'est pas ridicule – dans une plus ou moins grande mesure – est un acte mort. Ceci se vérifie dans la vie sociale la plus quotidienne et banale. Lorsque vous buvez votre thé dans un salon et que vous remettez posément votre tasse à sa place, vous accomplissez un acte parfait, un acte mort, car il n'a de conséquences ni dans votre conscience ni dans celle des autres. Mais laissez tomber votre tasse par terre et renversez votre thé sur la jupe d'une demoiselle qui parle français et excusez-vous en bafouillant et essayez d'effacer votre gaffe en essuyant le parquet avec votre mouchoir de batiste! Soyez un instant ridicule, purement et simplement ridicule. Votre acte se charge soudain d'innombrables virtualités. Vous souffrez, et vous comprenez en cet instant d'émoi et de panique que votre vie est inutile, que celle des autres est vide, que vous êtes un singe grotesque, bien habillé et parfaitement dressé, dans un salon où l'on perd son temps, où l'on vient poussé par la peur de la solitude, par l'attraction des vacuités. Toute une philosophie, à partir d'une tasse de thé brisée par mégarde. Et encore! vous n'avez été ridicule que dans une petite mesure. Mais allez leur dire en face ce que vous pensez de leur thé (ce qu'en pense d'ailleurs tout être doué de raison), dites-leur carrément qu'ils perdent leur temps, qu'ils se bernent les uns les autres, qu'ils mènent une vie artificielle, factice, inutile. Dites tout et dites-le avec passion. Alors vous serez réellement ridicule, alors les gens se moqueront de vous, alors vous comprendrez que vous ne pouvez pas vivre votre vie sans être ridicule.

Car le ridicule se résume à cela : vivre sa vie – nue, immédiate – en refusant les superstitions, les conventions et les dogmes. Plus nous sommes personnels, plus nous nous identifions à nos intentions, plus nos actes coïncident avec nos pensées, et plus nous sommes ridicules.

Le ridicule est une formule lancée par les hommes contre la sincérité. Il n'existe pas d'acte humain sincère qui ne soit ridicule. Ce que l'amour a de véritablement exaltant, c'est d'avoir réussi à supprimer le ridicule entre deux êtres, à supprimer la censure appliquée machinalement à leur sincérité. L'amour n'est ridicule que pour une tierce personne. Les autres grandes sincérités le sont même pour une seconde personne.

Ainsi donc, il apparaît que les livres, les auteurs qui furent un jour ridicules – en raison de leur sincérité dépouillée et totale – possèdent des virtualités infinies, qu'ils peuvent être repris et approfondis par chacun d'entre nous.

Il se passe quelque chose de bizarre avec les livres ridicules : ils ne frappent pas à la manière d'un fait social ridicule, parce que nous les lisons dans la solitude, dont les valeurs ne sont pas les mêmes que celles de la collectivité. Nous sommes plus sincères quand nous sommes seuls parce que nous ne cadenassons pas notre sensibilité et notre intelligence au moyen du bon sens et de la logique. Pourquoi un paradoxe entendu en public irrite-t-il alors que, lu dans la solitude, il enchante? Pourquoi pleurons-nous d'émotion quand nous lisons une confession, alors que nous nous crispons, gênés, quand nous l'entendons en public? Peut-être parce que c'est là qu'apparaît *le ridicule,* cette censure de la sincérité, censure créée par la société pour brider l'individualisme dans ses excès.

Je regarde autour de moi et, franchement, je ne trouve que les hommes et les auteurs ridicules pour m'apprendre quelque chose. Eux seuls sont sincères, eux seuls se dévoilent sans réticence à mes yeux. Eux seuls sont vivants. Un jour viendra où ils mourront à leur tour, où ils seront à leur tour distribués rationnellement dans des systèmes, où ils seront *acceptés* à leur tour, honorés à leur tour. Je ne veux pas évoquer des cas trop illustres ; je mentionnerai seulement cet homme d'un ridicule absolu qui est le seul auteur que je n'oserais pas lire en public, j'ai nommé Søren Kierkegaard, auquel aujourd'hui on consacre des volumes de critique, que l'on traduit, commente, comprend, et que l'on tue. Dans un certain sens il est mort, et pourtant que de sources de vie et de pensée ne trouve-t-on pas de nos jours encore chez le fou de Copenhague? Parce qu'on peut n'importe quand le reprendre et le continuer.

Seul le ridicule mérite d'être imité. Car c'est seulement en imitant le ridicule que nous imitons la vie; il recèle en effet la pleine et entière sincérité de la vie et non pas ses idées et ses conventions, qui sont des facettes de la mort. Or, quant à la mort, Dieu merci, nous en trouvons bien assez en nous.

DU DESTIN DE LA COMPRÉHENSION

J'ai souvent pensé, non sans une certaine tristesse, au destin des grandes compréhensions et des grandes souffrances, qui surviennent non dans des circonstances grandioses – comme on pourrait s'y attendre –, mais le plus souvent dans des circonstances amorphes, à des heures monotones, paisibles, médiocres. Vous assistez parfois à des scènes franchement tragiques, après quoi vous rentrez en vous-même aussi opaque qu'auparavant. Rien d'essentiel ne vous parcourt (vous n'avez retenu que l'anecdote ou l'esthétique : le sang que vous avez vu couler, les gestes, les paroles, un détail sans importance, un individu qui se trouvait là par hasard). Ou bien vous attendez depuis des années de faire la connaissance d'un homme que vous admirez, dont les livres vous ont guidé dans la vie, dont la pensée vous a nourri et aidé plus que ne l'ont fait tous vos proches, auxquels vous donniez votre affection et votre temps. Or, quand vous le rencontrez enfin, vous vous apercevez que vous êtes inerte et somnolent, vous découvrez que votre pensée se préoccupe de détails dérisoires (combien de pièces y a-t-il chez lui? quel est ce livre sur son bureau? comment raconterai-je cette visite à mes amis? etc.), vous l'écoutez distraitement, vous vous demandez pourquoi sa présence ne vous réjouit pas, vous vous en voulez d'être si neutre, paresseux, endormi.

On dirait que votre vie tout entière se refuse à ce choc révélateur (qui pourrait être une grande douleur ou une grande joie), que tous vos instincts s'opposent à une expérience tendant à dépasser votre pauvre personne limitée et inerte. Et alors, quand la circonstance se présente, quand la mort vous tend la main (car quelqu'un doit mourir en vous à chacune de ces révélations), vous devenez minéral, vous devenez de l'eau, vous devenez n'importe quoi, hormis un homme, car l'homme se livrerait complètement, et qui sait s'il se retrouverait lui-même, *pareil*, une fois l'expérience achevée?

Je ne m'explique pas autrement qu'après avoir fait la guerre, après avoir vu d'innombrables horreurs, d'innombrables scènes qui auraient pu les tirer de leur marécage quotidien, tant d'hommes soient revenus *pareils*. Un peu plus désaxés, un peu plus sceptiques, un peu plus névrosés, mais, sur le plan humain, pareils.

Ils n'ont tiré aucune leçon de la tragédie humaine qu'ils ont vécue durant plusieurs années; « Dieu les a fortifiés », c'est-à-dire qu'il a minéralisé leurs instincts, qu'il a endormi leur peur animale de la douleur. Un enfant qui a vu un blessé mourir dans la rue en plein hiver aura peut-être mieux compris ce que la guerre a de tragique qu'un homme mûr qui s'est battu sur trois fronts. De même, je suis sûr qu'un adolescent ressort plus riche d'un voyage en Orient vu au cinéma qu'un reporter d'un voyage outre-mer réellement effectué; car ce dernier se barde intérieurement de boucliers invisibles contre tout choc, contre toute expérience qui pourrait le sortir de lui-même, contre toute expérience qui pourrait lui révéler le goût de cendre de l'absolu.

Étrange, ce dualisme en lutte perpétuelle, inné chez l'homme, chez tous les hommes : d'une part le désir de sortir de soi, de se surpasser, d'aimer en s'oubliant et d'autre part une résistance minérale à toute expérience qui pourrait l'ébranler, l'annuler en le transcendant. Nous sommes si nombreux à attendre toute la vie un événement, un homme, une connaissance – pour entrevoir ainsi une brèche dans le cercle de fer qui nous enserre, chacun seul avec lui-même, pour deviner ainsi une vie nouvelle, une joie véritable –, mais, quand l'occurrence où l'homme se présente, nous nous recroquevillons de toutes les forces de notre instinct, nous nous refusons, nous nous neutralisons, nous retournons au règne minéral.

Des hommes prétendent avoir cherché toute leur vie « la femme idéale » sans la trouver. Absurde. Ils auraient pu la trouver en n'importe quelle femme, mais il leur aurait fallu un amour vrai, pour briser leur cercle individuel, pour vaincre l'instinct de conservation qui les emmurait face à l'amour, pour étouffer ce désir abstrait d'une « femme idéale », imaginé pour leur seul confort, pour leur repos mélancolique et amusant; car s'il est très confortable de « chercher » éternellement, il est plus difficile de trouver et d'entretenir en parfait amant l'aiguillon de l'amour.

Et maintenant, revenons à notre point de départ : les grandes compréhensions et les grandes souffrances surviennent dans des circonstances monotones. Je voudrais connaître un homme pour qui la contemplation du Vésuve aurait été l'expérience lui ayant fait comprendre que notre monde terrestre est éphémère, évanescent. Non, messieurs, on ment devant le Vésuve, comme devant les pyramides ou les fjords ou l'océan. Les hommes ne voient rien de tout ce que ces phénomènes ont de solennel, ils ne voient ni la mort ni les fleurs; ils voient des bateaux, des gestes et des récitations de poésie.

C'est pourquoi les gens de bon sens évitent les

circonstances qui les dépassent; non qu'ils les trouvent ridicules (il faut s'appeler Anatole France pour trouver ridicule la cérémonie de bénédiction d'un drapeau, par exemple), mais ils se rendent compte qu'ils réagiront péniblement, qu'ils seront petits, minéralisés, anesthésiés. Je présume que ces gens de bon sens, s'ils se trouvaient absolument seuls devant un grand spectacle et s'ils pouvaient être sincères envers eux-mêmes, fût-ce quelques instants seulement, se diraient à peu près : « Comme je suis incapable de *sentir* tout ce qui est en ce moment devant moi! Quelle canaille je dois cacher en moi pour me permettre parfois de me moquer de choses pareilles! Que je suis petit, et que je suis menteur! »

Heureusement pour nous, on ne nous a pas épargné ici-bas l'expérience des grandes douleurs et des grandes joies et on ne nous a pas occulté leur compréhension. L'ennui, c'est que celle-ci devient actuelle, devient vivante et présente dans des circonstances insignifiantes, à des moments où le hasard fait que l'esprit et les instincts ne se murent pas en nous, car rien ne semble menacer leur confortable et tranquille sommeil végétal.

On a vu tellement de morts, et on est resté le même. Or, voici qu'en feuilletant de vieux papiers on tombe sur la lettre d'un ami mort depuis longtemps, on voit son écriture jaunie et, soudain muet, les yeux dans le vide, on s'abîme dans ses pensées. Ce n'est pas le sentiment détestable du « passé », la romance écœurante des « printemps morts », des événements et des êtres qui ne se répéteront pas; si je soupçonnais mon âme de telles mélancolies féminines, je jetterais les vieux papiers au feu et j'irais flâner sur les boulevards. Car ces sentiments liés au « passé » n'ont rien de viril, rien qui concerne la mort en tant que telle – ils se rattachent à des cadavres, à des formes dépassées, à des histoires épuisées. On confond trop souvent la mort et le cadavre.

Ce dernier ne peut pas m'intéresser; il est une forme glacée, un mouvement stoppé brutalement. Quoi que nous fassions et pensions au cours du temps, ce sont des cadavres (un livre, un geste, une action, un amour) et il faut sans cesse les dépasser, il faut toujours faire entrer un air neuf si nous ne voulons pas devenir nous-mêmes des cadavres, des momies, des actes morts, des dogmes.

Moi, c'est de l'autre mort que je parle, du passage total et « vivant » dans le néant; de celle que nous révèlent – comme je l'ai dit – non pas les morts tragiques et chères auxquelles il nous est donné d'assister, mais des circonstances banales, quotidiennes. Semblablement d'ailleurs aux grandes félicités que nous font éprouver des événements dérisoires, tandis que ceux qui sont réellement intenses nous laissent neutres, pareils à des coquillages brisés.

Rien n'est bien coordonné en ce monde, rien n'est harmonisé. Pensez à tout le temps que vous perdez avec des gens qui ne vous comprennent pas, à toute l'affection que vous gaspillez pour des gens insensibles, alors que, pour les très rares qui sont vraiment des frères pour vous, vous ne trouvez que quelques minutes, quelques sourires, quelques paroles creuses. Ce que nous avons de meilleur en nous, nous l'offrons aux gens qui n'ont que faire de nos dons. Nous rencontrons un quidam et c'est à lui que nous sacrifions notre temps et que nous ouvrons notre cœur; mais à l'ami nous ne donnons rien, ou seulement des rogatons. Pourquoi en est-il ainsi? Je connais quelques grands hommes de notre siècle qui sont entourés de gredins, de types quelconques, de nullités. J'ai presque envié ces bienheureux qui peuvent avoir tous les jours ce que d'autres, meilleurs qu'eux, ne peuvent avoir que pendant une heure dans toute leur vie.

Mais il en va de la sorte pour chacun d'entre nous, pourquoi nous en cacher? Nous préférons « chercher », en perdant notre temps, que tenir dans nos bras ce que nous savons depuis longtemps digne de nous.

DE CERTAINES VÉRITÉS TROUVÉES PAR HASARD

Un ami me répète souvent que la vérité est tragique. Il évoque la passion de la vérité, le drame de la révélation, l'agonie. J'aime aussi les vérités tachées de sang, arrachées aux viscères. Il y a quelque chose de prométhéen dans leur apparition terrifiante, quelque chose de luciférien, de pétrifiant. Mais je les appellerai des vérités catastrophiques, plutôt que tragiques. J'entends surtout par tragédie une expérience sans explosions et sans proportions; une expérience se condensant vertigineusement vers les frontières de la compréhension statique, contemplative; une expérience sans agonie et sans écoulement de sang.

La vision catastrophique de la vie est alimentée par des vérités dont l'avènement paralysera et tuera; elle est charnelle (sang, viscères, organes, etc.), elle est un drame de l'incarnation et de la désincarnation (à ce propos, des auteurs mettent l'accent sur l'ascèse, le donquichottisme, le vice, le péché, le salut, etc.), elle brûle à blanc la vie physiologique (cardiaque, vasculaire, musculaire). Lorsqu'on vous parle d'une « vie tragique » ou de « vérités tragiques », soyez sûrs que vous découvrirez un drame de la chair, un drame qui part d'une catastrophe ou qui y aboutit. Pas une tragédie.

Les vérités tragiques ne sont jamais dues à un choc, à un effort, à une agonie. Les notions de conflit et de choc, de résistance et d'inertie appartiennent, si je puis m'exprimer ainsi, à une conscience géologique. Je veux dire que le règne minéral présente des conflits plus nombreux et plastiquement plus impressionnants que les règnes organiques. Les véritables catastrophes appartiennent à la géologie ou aux chantiers. Les secousses telluriques, les glissements de terrain, les éruptions volcaniques, les raz-de-marée sont dans la nature du monde minéral.

Mais ce ne sont pas des « tragédies », ce sont des catastrophes. La vie spirituelle ou la vérité provenant d'une expérience qui imite le conflit, la résistance, la victoire, ne surprend pas ce que le tragique a d'ineffable, d'intraduisible. Celui-ci hésite devant l'agonie, il évite le combat, il est supprimé par le conflit. Il est surtout statique, contemplatif, apparenté à une compréhension due au hasard. Les vérités tragiques sont des vérités trouvées par hasard, sans appréhension, sans lutte, sans tourment. L'essence de l'esprit est elle-même tragique, bien qu'il soit, lui, pondéré, au-dessus des extrêmes, au-dessus des conflits.

Les grandes vérités – d'ailleurs les seules qui comptent – sont trouvées par hasard. La mort, l'amour, le printemps ou l'automne du cœur, nous les rencontrons et les connaissons par hasard. Ce n'est pas tout. Il nous faut parfois longtemps pour comprendre que nous les connaissons. Elles sont si grises, si humbles, si quotidiennes que nous ne les remarquons même pas. Notre conscience est attirée davantage par les vérités catastrophiques, violentes, sommaires, agoniques, celles qui violent et doivent être violées, celles qui exaltent vertigineusement la chair et l'âme, celles qui sont révélées par des expériences dont la dramaturgie est riche et la mise en scène élaborée.

A l'inverse, les vérités trouvées par hasard n'ont rien de démonstratif ni de dramatique. Nous les découvrons soudain dans notre âme, sans savoir comment elles y sont arrivées. *Elles sont* et on ne peut en dire que cela : *elles sont*.

On se retrouve avec un été dorant les blés, avec tout un été dans l'âme, et l'on se demande d'où vient tant de richesse imméritée : compréhension, réussite, joie. L'été! voici une vérité trouvée par hasard et qui vaut plus que toutes les vérités « tragiques » (qui ne le sont d'ailleurs pas). L'été est une vérité qui se baguenaude dans les rues et à côté de laquelle on peut passer d'innombrables fois sans y faire attention. Parce qu'elle est seulement une vérité de hasard, parce qu'on ne peut pas l'obtenir au prix d'efforts et de luttes, personne n'en parle, personne ne l'exalte. Elle apparaît tout à coup dans l'âme, et ses profondeurs, ses joies, ses fruits nous émerveillent.

L'exemple de l'amour est bien connu. Tant qu'il reste un drame et une agonie, il n'offre qu'une pseudo-connaissance, une connaissance catastrophique, personnelle, confinée dans les limites et le destin du binôme psychique dans lequel se produit l'expérience. Mais il arrive brusquement quelque chose d'étrange, d'intraduisible : l'amour s'est purifié ou s'en est allé et une connaissance réelle se révèle à l'âme, une vérité qui sidère ou qui console; une vérité trouvée par hasard. Car tout se passe au hasard, sans que nous le voulions ou le sachions, par-delà nos prévisions, nos attentes, nos idiosyncrasies. Quelque chose de réel, de dépouillé, d'impersonnel, qu'on ne sait ni nommer, ni faire fructifier.

Là est la différence entre la véritable tragédie et les conflits ou les écroulements prométhéens; entre les vérités tragiques – réelles jusqu'à dépersonnaliser, au-dessus du temps, au-delà de l'histoire – et les vérités catastrophiques, toujours issues des données individuelles, limitées, historiques. La catastrophe suppose un itinéraire temporel, une personnalité prête à l'action ou à la résistance, une purification par le combat, par l'ascèse; la tragédie se situe au-delà du temps et de la personnalité, elle ne connaît ni action ni résistance, on ne peut pas la réduire au geste ni la traduire dialectiquement, elle est réellement un mystère. La catastrophe, vous la voyez comme tout le monde la voit; votre tragédie, vous ne la voyez parfois pas vous-même. Elle vous dépasse, elle vous dépersonnalise, elle est tellement *réelle* qu'elle ne peut pas engendrer de conflits liés à son essence (car la plupart des conflits naissent d'une controverse sur la nature illusoire ou réelle d'un fait, sur son degré de réalité, etc.; mais quand un fait est vraiment *réel,* tout s'apaise autour de lui, tout conflit devient impossible; voilà pourquoi la connaissance du réel est si sereine, si brusque, semblable à une révélation). La tragédie la plus pure, la plus essentielle, ne peut être que statique. Elle dépasse même l'expérience, qui implique un dynamisme mental, et de la douleur. Elle se trouve incontestablement au-dessus de toutes les expériences, les souffrances, les luttes, les victoires, parce qu'elle concentre dans son noyau le maximum de *réalité* que nous puissions connaître. Elle devient franchement ontologique. On ne peut en dire que cela : elle est.

La connaissance catastrophique imite le geste du règne minéral (révolution géologique, effort volcanique) et celui des règnes organiques (vie viscérale, cardiaque, expériences de nature biologique). La connaissance tragique imite le geste d'un règne surhumain, que les théologiens appelleront angélique et que j'appellerai impersonnel.

La catastrophe connaît de Grandes vérités.

La tragédie connaît des vérités trouvées par hasard.

D'UN ASPECT DE L'ÉTERNITÉ

Tristram Shandy, de Sterne, est un livre dont on ne s'éprend pas aussitôt, mais seulement après avoir lu quelques centaines de bons romans et en être dégoûté. J'aime dans ce livre le désordre apparent de la narration et la spontanéité des divagations. L'art de divaguer – tout en demeurant dans l'éternité – est un secret que la majorité des modernes ont oublié. Leurs livres de divagations sont « fabriqués » et quelque peu tendancieux, ce sont des divagations sans envergure, une incapacité de se concentrer plutôt qu'une création généreuse et libre. Or, ce qui fait le charme et l'éternité d'une divagation, c'est la coïncidence du « geste » qui la crée avec celui de la nature, de la vie. Je ne pense pas qu'il faille toujours définir la vie comme « une série d'explosions », comme un effort et un choc. Ce qu'elle a d'essentiel et d'intraduisible, ce sont son libre écoulement dans des tissus aux formes innombrables, la continuité du plasma, de la sève ou du sang, une victoire manifestée par la présence, par le flottement, et non pas obtenue par des conflits, par des affrontements prométhéens. L'effort et les chocs caractérisent surtout le règne minéral. C'est la géologie qui connaît les vrais drames cosmiques. La vie est beaucoup plus ineffable, plus discrète, moins musicale.

D'UN ASPECT DE L'ÉTERNITÉ

Le matin propre à la vie se retrouve dans les grandes divagations de la littérature. Bien entendu, je fais ce rapprochement paradoxal en ce qui concerne seulement *le geste* de la création, et non la création proprement dite qui, dans la littérature de divagation, est autonome et spirituelle, ne devant ni ne pouvant être expliquée par la vie.

La divagation, cette dimension de la vie spirituelle, ne se cantonne pas dans la littérature. J'ajouterais qu'il y a aussi une divagation philosophique si je ne savais que ce terme est déjà consacré et qu'il implique la discontinuité et l'incohérence de la pensée, l'inconsistance, la superficialité, le compromis, le jeu des nuances. Il me faudrait trouver un autre mot, qui dise à lui seul tout ce qu'est la divagation philosophique : une pensée qui ne se laisse jamais paralyser par ses propres formes, par ses règles, par son histoire; une pensée qui se veut toujours nouvelle, qui change d'optique et d'instruments selon les besoins de l'heure; une pensée qui ne s'arrête pas à des systèmes (ces pierres tombales de la philosophie, comme dit Nae Ionescu [1]), mais qui, au contraire, coïncide toujours avec les expériences et les émotions du moment.

Ces précisions faites, je dirai qu'un homme qui divague en matière de philosophie est extrêmement rare. On peut le reconnaître au fait qu'il n'écrit jamais, qu'il ne croit jamais que ce qu'il dit est absolu et éternel, qu'il espère toujours un dépassement, une amélioration de la pensée, qu'il pense toujours comme le demande l'heure (contrairement aux grands génies, Platon ou Kant, qui ont réalisé leur pensée, celle de leur époque, mais qui n'ont pas résolu les problèmes

1. Penseur roumain d'extrême droite (1890-1940), qui influença fortement beaucoup d'intellectuels de la génération de M. Eliade *(N.d.T.)*.

personnels d'autrui) et qu'il ne discute que très rarement, mais alors d'une manière socratique, troublante.

Cet homme-là m'intéresse beaucoup. Il a compris le premier devoir de la vie : créer, créer inlassablement des formes et des expressions dans lesquelles elle se manifeste, qui l'illustrent, la satisfont et l'épuisent. Un homme pareil ne se tient pas à l'écart, ne se retire pas, ne s'isole pas dans une quelconque orthodoxie. Il coïncide en permanence avec le moment présent, sans se laisser abuser par les expériences éphémères, sans s'y abandonner, sans céder à la dépersonnalisation (dans le sens de « dispersion » et de « cœur d'autres personnalités »). Il n'imite aucune forme de la vie; il ne veut pas être autre chose que lui-même, quand bien même cette autre chose serait un génie ou un saint. Si je devais croire à l'existence réelle d'un tel homme, je dirais qu'il a imité, une seule fois, un seul geste : le geste de la nature, le geste de la vie, la création continue, la collaboration au renouvellement des formes et des joies telluriques. Tandis que les meilleurs des hommes imitent soit l'œuvre de Dieu (les artistes), soit Dieu lui-même (les saints). Ils imitent, actualisent, diffusent des formes déjà accomplies, des joies déjà vécues, ce qui a déjà été (et qui, d'ailleurs, était peut-être grand, formidable, admirable), alors que mon homme imite la nature qui l'invite à la seconder ou à la compléter en créant à ses côtés des formes et des expressions que ses instruments primaires ne peuvent pas élaborer. Ainsi, le penseur qui divague atteint une cime : il se substitue à la nature...

Il correspond bien à ces lignes d'un livre de Soffici *(Giornale di bordo)* : « Il y a des gens si riches en réalité qu'ils nient tout, sûrs de ne jamais être épuisés. Car ils sont eux-mêmes une affirmation pleine et vivante. » Mais nier est très insuffisant. A mes yeux, les briseurs d'images valent pour ce que leur activité a de spectaculaire et de désarmant ou pour les traites en blanc qu'ils signent et qui arriveront à échéance un jour ou l'autre. Mais je ne trouve rien de tragique dans l'existence de ces négateurs prodigieux, de ces habiles démolisseurs, de ces iconoclastes, de ces saltimbanques, de ces pourfendeurs de valeurs. Affirmer est bien plus tragique, agonique et difficile que nier. A condition qu'affirmer ne soit pas prononcer des sentences, faire des phrases, mimer. A condition que ce soit une affirmation organisée, vivante, révélatrice. Des pensées vivant par elles-mêmes, qu'on puisse lancer sans qu'ensuite elles trébuchent en route ou roulent dans le fossé. Des pensées ressemblant à des formes vivantes, comme elles le sont toutes dans la nature, des pensées qui puissent porter des fruits grâce à leur vie propre et se répandre grâce à leur impulsion première, qui puissent voler, voyager, croître.

Ces pensées, ces affirmations sont d'autant plus difficiles à réaliser que, je le répète, elles ne doivent pas être expliquées ou justifiées par un dogme, par un système servant de référence permanente pour leur illustration et leur vérification. Elles doivent être organiquement complètes, complètes en elles-mêmes et non en vertu de synthèses artificielles. Assez vivantes et autonomes pour ne pas impliquer leur auteur, pour le laisser libre à leur égard. Pour qu'il ne se croie pas obligé de revenir sur ce qu'il a dit, d'ajouter, de refaire, de modifier. Pour qu'il ne jette pas les bases d'un système. Pour qu'il ne *continue* rien comme dans un roman ou un livre de philosophie. Pour qu'au contraire il reparte toujours de zéro – comme dans une divagation. Pour qu'il soit purement et simplement un homme qui divague.

DE LA STIMULATION

On n'a pas suffisamment pris en compte une caractéristique du quart de siècle entamé depuis quelques années : la stimulation de la pensée et de l'imagination est due de moins en moins à la vie et au monde et de plus en plus à la culture, en particulier aux livres. Mais ce n'est pas aussi simple. Il ne s'agit pas ici de ce qui peut former l'objet de la pensée, mais de ce qui la stimule. On peut fort bien penser par rapport aux livres, par rapport à une idée écrite, sans que ce soit nuisible ou inefficace. Étant des objets, les livres peuvent nourrir la pensée comme tout autre objet. Mais être *stimulé* par un écrit, avoir besoin d'un livre ou d'un acte réalisé par quelqu'un d'autre pour découvrir par ce truchement certaines vérités personnelles, voilà qui est tout autre chose.

Voyez-vous, il y a une grande différence entre utiliser et être stimulé. Quelqu'un de parfait ne peut rien rejeter de tout ce qu'a accumulé l'expérience humaine jusqu'à lui et, par conséquent, il ne peut pas rejeter les livres. Mais quand il s'agit de méditer sur les mystères et sur la vie, sur les voies et sur l'âme, il doit trouver la stimulation de sa pensée créatrice et de son imagination compréhensive dans la vie qui est en lui et autour de lui. Car toute pensée stimulée par une autre pensée est provisoire et inefficace. C'est pourquoi le fait que les gens méditent de plus en plus sur la culture et de moins en moins sur la vie m'a paru assez représentatif pour faire l'objet d'un article.

Nous devons, pour commencer, remarquer ceci : ces gens-là pensent *personnellement* et cherchent des interprétations *personnelles* à partir de certains livres. Très étrange, n'est-ce pas, d'essayer d'exprimer l'originalité de sa propre pensée en partant d'un livre – dans lequel les gens dont je parle voient souvent un symbole – et non de la vie. Je ne prétends pas qu'ils ne connaissent pas la vie, avec ses cimes et ses gouffres, avec ses amertumes et ses douceurs. Je ne le prétends pas, parce qu'un Miguel de Unamuno a réfléchi sur le livre de Cervantès, un Chestov sur la littérature de Dostoïevski, un Simmel sur l'art de Rembrandt. Mais je peux affirmer que ces gens-là, bien qu'ils connaissent la vie, ne sont stimulés dans leur pensée créatrice, dans leur façon de comprendre la vie, que par des livres et des œuvres d'art, par ce que d'autres ont accompli. Plus intéressant encore, ils trouvent tous *leur originalité* dans l'interprétation des œuvres d'autrui. Les trois noms cités ci-dessus l'illustrent parfaitement. L'originalité d'Unamuno, par exemple, ce n'est pas d'avoir médité sur la vie d'une manière personnelle et d'avoir exprimé sa pensée en étant stimulé par sa propre découverte, par sa propre source. Non. Son originalité, c'est d'avoir axé sa pensée sur la vie de Don Quichotte, sur le texte de Cervantès, qu'il a *compris* et *interprété* à sa façon. Il a vu en Don Quichotte un symbole ou un héros et il l'a suivi pas à pas, l'obligeant à penser ce qu'il pensait lui-même, à dire ce qu'il croyait lui-même.

Cette bizarrerie, qui fut tellement applaudie à ses débuts, commence à m'inquiéter. Eh bien quoi! si l'on a tellement de choses originales et personnelles à dire, pourquoi se rabattre sur un prétexte extérieur, pourquoi recourir à un stimulant et à un véhicule étrangers pour mouvoir sa pensée? Pourquoi ne pas dire purement et simplement « voilà ce que je pense du monde et de la vie », au lieu de contraindre les autres à le dire en les « interprétant »?

Jadis, un écrivain qui voulait parler de la vie ou de la mort intitulait son livre *De la vie* ou *De la mort* et il livrait ses pensées comme il s'y entendait; plus ou moins bien ou mal, en y mettant son expérience et celle des autres. Aujourd'hui, il y a une nouvelle mode. Vous intitulez votre bouquin *Dostoïevski* ou *Nietzsche* et puis vous écrivez tout ce qui vous passe par la tête sur ce qu'aurait pu penser ou ne pas penser Dostoïevski ou Nietzsche.

On croirait à première vue qu'il s'agit de commentaires. Mais, dans le cas dont nous nous occupons, celui de la pensée stimulée, le commentateur passe au premier plan. Le pauvre Nietzsche et le pauvre Dostoïevski sont, pour *lui*, de simples prétextes pour nous dire ce qu'il pense de la vie et de la mort.

On ne trouvera pas dans ces ouvrages d'interprétation organique et critique de la pensée de Nietzsche ou de Dostoïevski. On y trouvera des idées *originales*, des interprétations symboliques, arbitraires, sans rime ni raison, obtenues toutes par la stimulation. Les grands auteurs servent de faire-valoir, ils sont rélégués au second plan. Ils sont invoqués uniquement pour *justifier* la pensée qu'ils ont stimulée, l'interprétation ou le symbolisme que leur œuvre a rendu possible. Car il est certain que, s'ils n'avaient pas existé, toutes les idées brodées autour de leur œuvre n'auraient pas existé non plus.

Il est de plus en plus à la mode, de nos jours, de travestir les symboles ou d'en inventer. On transforme tout en symbole : les héros des livres célèbres, les personnages bibliques, les vies imaginaires, les réalisations plastiques, les expériences artistiques. Souvent l'œuvre est étouffée par le symbole, écrasée par l'interprétation. Une très étrange tendance vise à tout rendre abstrait. La vie et les faits se transforment en symboles, en paraboles, en significations. On dirait que certains modernes, incapables de manier les réalités, d'en surprendre directement le sens, les stérilisent et en font des abstractions, n'étant pas à même de comprendre et de justifier autre chose.

Cette tendance au « symbole » et au travestissement explique le succès et la profusion des interprétations consacrées aux grands écrivains et aux grands artistes en général. Car, dès qu'on s'éloigne de l'étude critique sérieuse d'un livre ou d'une œuvre d'art, l'imagination déborde d'allégories sibyllines, dans un océan d'associations d'idées et de symboles, dans une jungle d'oracles et de révélations. Ainsi naît une littérature philosophique mêlant la lyrique et la métaphysique, la théologie et la pornographie, et impressionnant les lecteurs par ses paradoxes et son impétuosité, par sa richesse et sa diversité. C'est l'œuvre parfaite d'une pensée et d'une imagination stimulées tout à fait admirables.

PERDEZ VOTRE TEMPS!

Si j'avais un jour la témérité d'écrire un manuel de *Savoir-vivre* *, je n'omettrais pas de consacrer tout un chapitre à l'art de perdre son temps. Car ce bonheur, qui est aussi un admirable outil de connaissance, est oublié depuis longtemps. Les modernes, les civilisés, ne connaissent plus la valeur du temps; ils ont tellement de loisirs qu'ils réglementent même leurs amusements. Il n'y a jamais eu au monde autant de loisirs qu'en notre siècle. Et de ce fait, jamais autant de distractions automatiques pour les occuper, les intégrer dans des pseudo-activités (sports, films, lectures faciles, flirts); autrement dit, pour transformer le « temps perdu » en « temps passé agréablement ». Dans toutes les manifestations de la vie moderne, il y a une effarante envie de « remplissage », de « consommation », de « bamboche » (c'est-à-dire d'oubli inaperçu). Je ne m'explique pas autrement l'incompréhension de notre époque envers certaines vérités simples, que seul peut percer quelqu'un qui sait perdre son temps.

Entendons-nous. Il ne s'agit pas d'une paresse intellectuelle, d'un éternel vagabondage, d'une disponibilité

* En français dans le texte, comme dorénavant tous mots en italique suivis d'un astérisque. *(N.d.T.)*

déterminée par l'incapacité d'agir ou par un spleen spirituel. Tout cela n'est dû qu'à un manque de certitude; or, si l'on veut vraiment perdre son temps, il est absolument indispensable d'abandonner provisoirement ses certitudes, afin de pouvoir se rapprocher de celles de la rue. C'est, en d'autres termes, une ouverture sur *le miracle*. Toutes les vérités simples lui ressemblent; car elles sont comme lui inattendues, fertiles et rédemptrices.

Réfléchissez, par ailleurs, à la vie que mènent nos contemporains. Quand perdent-ils vraiment leur temps? Si jamais ils n'ont pas une amusette sous le coude, ils se réfugient dans le sommeil. Ils ne sont jamais seuls. Ils ont toujours des narcotiques et, pour leurs loisirs, des horloges. N'êtes-vous pas surpris par l'étrange adhérence de l'homme moderne à l'horloge? Je souhaite depuis longtemps me renseigner sur la façon dont les gens se donnaient rendez-vous en d'autres siècles. Je voudrais savoir, par exemple, s'ils connaissaient comme nous la cruauté (que je tiens quant à moi pour tout à fait moderne) des attentes, des ajournements, des retards. Pourquoi devons-nous subir la loi des aiguilles métalliques de l'horloge? Pourquoi ses coups deviennent-ils ceux de notre cœur? N'y a-t-il pas quelque chose de totalement hors nature dans cette *extériorisation* de notre temps, dans cette transformation d'un sentiment en indicateur automatique?

Ce qu'on entend aujourd'hui par *attente* pourrait caractériser le style tout entier de notre époque; c'est une attente statique, dépendant d'un événement précis, annoncé et vérifié par l'horloge; tandis qu'autrefois, quand on créait des légendes sur des saints et des héros, l'attente était exaltation, anxiété, croissance jusqu'au paroxysme d'états d'âme nourris par une vie asociale; la soif de vie et la volonté de rédemption d'une race ou d'un peuple se concentraient dans l'attente d'un seul homme...

Perdre son temps, voilà une béatitude et un outil de connaissance accessibles seulement à quelqu'un qui est vraiment occupé par son travail, qui en est responsable. Mais la plupart des modernes ne sont jamais « occupés », ils sont le plus souvent disponibles pour des éventualités éphémères; leur travail ne jaillit pas de la volonté de manifestation de la vie qu'il porte en lui; quand ils ne se bornent pas à fournir un service, ils se droguent avec une idée (par exemple dans les sciences, l'érudition, la culture en général) ou encore ils travaillent machinalement, de peur de rester seuls. Dans ces conditions, ce n'est pas le désir de perdre son temps qu'on éprouve, mais, tout au plus, une envie de récréation, de « bamboche ». Perdre son temps implique un trop-plein, une suspension des certitudes, mais aussi l'attention et la lucidité. Les distractions contemporaines créent et imposent au contraire une attention extérieure à l'individu; c'est le cas du cinéma, où notre attention sentimentale et critique est mise en scène et dominée par le sujet du film et l'art du cinéaste; c'est également celui des compétitions sportives, où l'attention du spectateur est imposée par un événement bien précis, qui lui est extérieur, qui lui a été annoncé à l'avance et auquel il peut assister parce qu'il a consulté sa montre.

Toutes ces distractions ne donnent pas du temps, elles en volent. Comme elles sont automatisées et standardisées, on sait pertinemment qu'on sera le prisonnier d'une mise en scène pendant deux ou trois heures. Chose admirable, certes, sauf qu'elle ne signifie pas « perdre son temps », mais le tuer, l'oublier. L'esprit moderne a malheureusement tendance à tout uniformiser, même les manifestations les plus spontanées. Or, l'uniformisation n'a rien à voir avec l'harmonie et le rythme qui sont le but supérieur de toute vie humaine.

On vit rarement de façon plus surprenante, plus fertile, que lorsqu'on perd son temps. C'est seulement alors qu'on peut vraiment *écouter*; autrement, on ne le fait que pour donner la réplique ou pour ajouter une information. Si certaines vérités simples ne circulent pas, ne nourrissent pas la vie contemporaine, disais-je, c'est en grande partie parce que personne n'écoute, personne ne perd son temps, parce que chacun a une réponse toute prête, chacun interprète vos dires à son gré, chacun sait d'avance ce qui gît en vous et ce que vous pensez. Or, une vérité capitale – et en même temps des plus simples – réside dans l'interrogation qu'on doit avoir, pendant quelques instants au moins, devant chaque être humain : peut-être cache-t-il une tragédie ou vit-il un miracle, qui sait? Mais celui que ne sait pas perdre son temps ignore cette secrète expectative psychique et, de ce fait, ne connaît pas les hommes. Il agit toujours machinalement : provoquez telle association d'idées, il vous livrera une formule; stimulez tel sentiment, il vous en livrera une autre. Mais votre miracle, mais votre vie, où sont-ils? Les gens pressés qui en savent toujours d'avance plus que vous passent à côté de l'essentiel : votre vie autonome, votre création. Ce qu'ils ne savent pas, c'est perdre leur temps, laisser la vie les inonder de ses révélations et ses miracles.

Ils mesurent le temps avec une horloge et essaient de le perdre dans une pseudo-activité distrayante; de même, ils connaissent les hommes par le truchement d'un système extérieur, fait de cadrans et de chiffres. Vous le comprendrez quand vous les entendrez vous parler de vous. Ils vous asséneront des démonstrations logiques, des théories justifiées; mais, là-dedans, où serez-vous, où sera la libre vie qui bouillonne en vous?

OCÉANOGRAPHIE

Pour comprendre à quel point les hommes se connaissent mal et restent seuls (même dans le décor bien monté d'une intimité et d'un amour éprouvés), il faut un jour perdre son temps : bavardez avec eux sans tenter de les convaincre de votre vérité, regardez-les sans imaginer à l'avance qui ils sont. Ce sera une heureuse perte de temps – une ouverture et une nudité totales. Et alors la connaissance acquerra une perspective et une certitude auxquelles n'accéderont jamais ceux qui jugent à travers leur cadran, à travers leurs clichés morts.

CARTE POSTALE

Emplacement
réservé
au
timbre-poste

LES ÉDITIONS DE L'HERNE

41, rue de Verneuil

75007 Paris

Si vous désirez être tenu régulièrement au courant de la sortie de nos publications, nous vous demandons de bien vouloir remplir ce questionnaire et de nous le retourner.

Nom ____________ Prénom ____________

Adresse ________________________

____

Profession ______________ Age ________

Titre de l'ouvrage dans lequel était inséré cette carte ________________________

Nom et adresse du libraire où vous l'avez acheté

____

____

Avez-vous une suggestion à nous faire ? ________

____

____

____

____

A ____________ le ____________ 19____

LA VIDA ES SUEÑO

Calderón a écrit une célèbre pièce de théâtre sur ce thème : la vie est un songe. Il y a une quinzaine d'années, Arturo Farinelli publiait deux épais volumes de commentaires historiques et philosophiques sur *La vida es sueño*. J'ai eu l'occasion il y a quelques années de m'occuper de Calderón et de cette œuvre de Farinelli. Ces jours-ci, j'ai sorti leurs livres de ma bibliothèque, je les ai posés devant moi et je me suis mis à les feuilleter au hasard; je me suis souvenu de pages que j'avais aimées, j'ai appris à aimer des pages que j'avais oubliées. Et j'ai réalisé que, malgré sa célébrité, *La vida es sueño* attendait toujours son commentaire philosophique, un essai expliquant ce thème universel : la vie est un songe.

Dans quel sens cette affirmation est-elle exacte? Elle ne veut dire en aucun cas que la vie serait *irréelle,* mais plutôt qu'elle est en permanence une création de mirages, une intervention du songe, qui a toujours tendance à sortir de la réalité, à ne pas être présent; plus précisément, à *créer* sans cesse son présent personnel, une synthèse de son propre organisme spirituel.

On a parlé de bovarysme, de la faculté de se concevoir autre qu'on n'est. Ce qui ne va pas trop loin. Pas aussi loin que vont les hommes : ce n'est pas seulement leur propre vie qu'ils imaginent autre, mais également celle des gens qu'ils rencontrent ou qu'ils aiment, bref tout ce qui se passe, tout ce qui les entoure. Ils voient les choses meilleures, plus extraordinaires, plus *médiévales* (s'il m'est permis d'employer ce mot dans un sens très élargi) qu'elles ne le sont, ils filment le monde nouveau, personnel, qu'ils ont créé à côté du monde réel, médiocre et impersonnel de toujours.

Le cinéma est presque un destin de l'homme. Il exprime sa soif d'un autre espace, d'une autre liberté, d'une autre justice; et, surtout, sa soif de fantastique, de médiéval. En effet, la faculté de rêver éveillé, à côté de la réalité, de créer un présent parallèle au présent concret, caractérise si bien l'homme que je considère l'invention du cinéma comme quelque chose de prédestiné, ayant des rapports non avec la technique et les lois physiques, mais directement avec le fantastique, avec l'âme cachée de l'homme.

Les films sont des songes miraculeux auxquels nous pouvons participer; ils sont des visions de titans, d'hommes plus libres que nous. Quand on comprendra bien l'analogie entre le film et la condition de notre vie psychique, on comprendra mieux l'essence de l'homme et le rôle capital du rêve.

Ce qui me stupéfie et que ne me permettaient pas de comprendre les anciennes théories psychologiques, c'est que très peu de gens font *attention* à l'heure qu'ils vivent, très peu sont présents dans le temps concret. On nous disait qu'en faisant *attention* à son environnement l'homme avait « progressé » et que ses facultés mentales avaient « évolué ». Réfléchissez bien, repensez à votre vie : est-il vrai que vous étiez *attentifs* lors des moments décisifs? Pour ma part, je ne l'ai pas été. Au contraire, plus l'heure était dangereuse et la réalité hideuse, plus mon songe intervenait résolument, mon film mental remplaçant le présent concret. Je me rappelle avoir dérivé en mer Noire avec six autres jeunes gens, pendant près de quarante heures, essuyant la tempête dans une barque dont le mât s'était brisé et dont les rames étaient inefficaces. Eh bien, tous, mais absolument tous, nous rêvions sans arrêt : l'un s'imaginait à la maison, assis sur un banc dans le jardin; un autre était à Paris, plongé dans la lecture de son auteur préféré; un autre encore, avec sa bien-aimée; et puis un autre avec ses amis... Je l'ai vérifié des centaines de fois : nous ne faisons jamais *attention* à la vie qui nous entoure; nous rêvons sans arrêt et, parallèlement au film concret de la vie, nous filmons un autre univers, le nôtre, dont nous sommes maîtres. Sans parler des événements qui engagent notre vie ou notre âme, des circonstances dangereuses, etc.

En outre, s'il nous arrive d'être *attentifs* aux heures cruciales, ensuite nous ne nous souvenons plus de rien. L'attention n'a pas de mémoire; elle consume le présent et se consume en lui. Nous ne nous rappelons que les détails de notre film intérieur; nous n'avons de mémoire que pour les choses créées par nous ou pour celles que l'intervention de notre songe a intégrées à une synthèse personnelle. Notez que beaucoup de gens disent, à propos des événements capitaux de leur vie, qu'*ils s'en souviennent comme dans un rêve*! C'est-à-dire que leur souvenir est confus précisément en ce qui concerne les *réalités* auxquelles ils ont dû faire attention. De très nombreuses femmes disent, en parlant du jour de leur mariage : « Je me souviens comme dans un songe de notre entrée à l'église. » J'ai entendu très souvent des hommes qui ont fait la guerre dire que, quand ils ne s'imaginaient pas ailleurs qu'au front (à la maison, à l'hôpital ou « en temps de paix »), ils vivaient une vie dont ils n'ont plus aucun souvenir, ou dont ils se souviennent *comme dans un songe*.

Tout ceci n'est pas dénué d'importance si l'on veut

comprendre « le progrès » de l'espèce humaine. Je ne pense pas que l'évolution soit due à une *attention* au milieu, comme l'affirment la science et la psychologie. Lorsque l'homme faisait vraiment attention, il n'en tirait aucun enseignement, puisqu'il ne se souvenait de rien ensuite; dans ce cas, l'attention l'aidait à survivre, mais elle se consumait au même instant, elle ne se transformait pas en mémoire, elle ne pouvait pas avoir de fonction pédagogique. On sait bien, d'ailleurs, qu'après une circonstance décisive, lors de laquelle nous avons pu faire attention, nous ne gardons en mémoire que des détails futiles : un objet, une chanson, une expression, etc., souvent quelque chose de tout à fait absurde; par exemple, le jour d'un examen capital, nous nous souvenons, sans aucune raison apparente, d'un menu fait dépourvu de la moindre importance (qu'un oncle cligne des yeux quand il rit; qu'un passant s'est taché le jour où l'on a repeint la porte du lycée; qu'il y a une rue Calomfirescu...). Quelqu'un m'a raconté que, au moment où il s'est « déclaré » à la femme qu'il aimait, il se rappelait tout le temps un dessin stupide vu dans un vieux magazine et représentant un animal quelconque; il faisait de terribles efforts pour résister à la tentation de clarifier cette image devenue floue.

Tout ceci, me direz-vous, est connu grâce aux théories de la psychologie associationniste, à la psychanalyse et à je ne sais quoi encore. C'est vrai, on connaît tout ceci, mais l'interprétation est restée la même, une interprétation mécanique qui met l'accent sur le milieu et sur l'attention. Ce que la philosophie et la psychologie ont réussi à prouver (depuis Kant pour l'une, depuis William James pour l'autre), c'est que le monde nous est donné comme une *synthèse*. Mais celle-ci est, dirai-je, *générale*, elle appartient à l'espèce humaine tout entière et elle est fondée sur les fonctions générales (les sens, les catégories de la conscience, la mémoire, etc.). Il y a quelque chose de beaucoup plus intéressant, obscur et fertile : la synthèse *personnelle* de chaque individu en particulier, son film mental superposé à l'univers concret (c'est-à-dire à l'univers tel qu'il est donné à l'ensemble de l'espèce humaine). Et ce film, grâce auquel l'homme s'évade du présent, de l'actualité, ce film crée la mémoire, il crée la paradoxale éternité de la personnalité humaine.

Il est héroïque (et cela demanderait une éducation que personne n'a reçue) de rester dans *le présent*, de ne pas prolonger le passé, de n'avoir aucun lien abstrait, projeté dans le temps, avec l'avenir. Il est très difficile de *consommer* le temps; la plupart des gens évitent le temps, ils en sortent, soit parce qu'ils évoquent le passé, soit parce qu'ils pensent à l'avenir, soit encore parce qu'*ils créent* leur temps personnel, leur film intérieur. C'est dans ce sens qu'on peut dire que la vie est un songe, dans le sens que nous ne vivons jamais dans le présent, dans l'actualité concrète. (Il y a également une autre « actualité », synthèse de rêve et de réalité, autrement dit un présent modifié par notre personnalité, un présent *créé* par nous.) Oui, dans ce sens-là on peut dire que se réveiller est douloureux, que sortir du songe est héroïque; car, alors, nous interrompons notre film, nous faisons éclater notre univers synthétique, nous coupons les ponts rêvés avec le passé et l'avenir, nous décidons de vivre dans l'heure *présente*, seulement dans l'heure présente, sans idéal projeté dans le temps, sans mémoire consolatrice, et alors nous nous réveillons très seuls, effroyablement seuls.

SI DIX HOMMES SEULEMENT...

Les seules batailles perdues sont celles qu'on ne livre pas. On n'est vaincu que si l'on refuse le combat. Autrement, tout est victoire, tout ce qu'on fait, tout ce que l'on tente dans cette existence miraculeuse; et, pour incomplète que puisse être une victoire, il ne faut pas regretter de l'avoir remportée. L'homme moderne fait une grave confusion entre victoire et récompense. Il ne croit généralement avoir fait quelque chose de bien que s'il reçoit un prix, des félicitations, une distinction, un éloge. Au contraire, il prend pour des échecs ceux de ses actes qui sont passés inaperçus, ou ceux qui ont éveillé la méfiance ou même le mépris.

Cette confusion plonge ses racines dans le désir qu'a l'homme de voir ses actes porter leurs fruits. Ne sachant jamais que faire de nos passions, nous croyons qu'une action que n'accompagne aucune envie de récompense est une action « sans passion », un fait neutre ou une simple « disponibilité »; que seules les actions dues à une grande passion sont véritablement humaines. Nous oublions que la passion n'est là que l'élément dynamique, le véhicule de la réalisation, et que le désir de récompense relève de notre égoïsme, que tout ce que nous faisons pour la gagner nous enferme dans nos limites. La passion incite toujours à la victoire, à sa parfaite réalisation, à une libération par la plénitude. La passion – qui est présente derrière chacun de nos actes – ne recherche jamais la gratification ou l'avancement, elle n'attend pas de récompense. Ce genre d'envie est créé et entretenu par le « trop humain » qui est en nous, c'est-à-dire par les misères et les limitations de notre égoïsme.

Nous avons pris l'habitude d'accuser les passions de tout ce qui est bas et laid en nous. Mais les passions – qui ne visent qu'à s'actualiser pleinement et par conséquent à se consumer – n'ont rien à voir avec ce que nous en pensons ou ce que nous aimons en penser. Il est absurde d'en condamner une parce que nous n'avons pas su la dominer. Or, on ne peut dominer que les choses auxquelles on a renoncé, dont on s'est affranchi, non en se détachant d'elles, mais en cessant d'en espérer un quelconque profit. Comme je l'ai dit ailleurs, renoncer à une action, et donc à une passion, ne signifie rien; c'est une négation, une castration, une altération. Il y a un seul renoncement efficace : le renoncement aux fruits de l'action, aux limites imposées par la passion qui nous agite à une certaine heure.

Si cela est vrai, alors aucune bataille n'est perdue, nous pouvons être vainqueurs sans être couronnés de lauriers, nous pouvons être libres et *nous-mêmes* sans que le monde le sache. Cette notion, *le monde*, est un non-sens. Il exige toujours un effort personnel minimum et un abandon complet à ses superstitions. Pensez à ce qu'il demande aujourd'hui à un homme parfait : être un communiste ou être un dictateur. Voilà toute la plénitude que peut concevoir le monde actuel. Il y a des époques où on ne peut avancer qu'à contre-courant. La nôtre est l'une d'elles : la primauté absolue du temporel sur le spirituel, la religion de l'action à tout prix (c'est-à-dire la rue, les hourras, les tracts), le chaos complet.

Ce ne sont ni l'intelligence ni la raison qui distinguent l'homme des autres créatures. Les chevaux savants d'Ebberfeld et les singes du docteur Watson dépassent largement les bornes de l'intelligence d'un homme moyen. Ce qui nous distingue, c'est le sens des valeurs, la hiérarchie. La compréhension globale des choses, qui fait voir l'ordre, intègre au cosmos le chaos qui nous entoure, agence les valeurs comme il se doit, en les respectant toutes, mais en attribuant à chacune la place qui lui revient. Un homme parfait, c'est-à-dire totalement libre, est un homme qui peut « fonctionner » sur tous les plans de la réalité, qui réagit à tous les stimuli (biologiques, éthiques, esthétiques, philosophiques), qui se montre actif envers tout ce qui est vivant et efficace autour de lui. Celui qui ne pense toute la journée qu'à l'art, à la politique, au pain ou à l'amour est un monstre; admirable, magnifique, mais rien qu'un monstre. Il ne connaît pas de hiérarchie, il ignore que la réalité et la vie forment un tout qui doit être expérimenté sur plusieurs plans. Il vit comme un halluciné, comme une bête, en proie à un seul instinct ou à une seule idée. Notre siècle compte ainsi des millions d'adeptes d'un monoïdéisme, qui croient qu'un seul trait de plume peut tout changer, que tout ira bien si l'on met leur « plan » en application.

Il y a aussi des missionnaires du monoïdéisme, très dangereux. Ce sont des gens qui, un jour, ont affublé un mot d'une majuscule et qui, depuis, ne voient la réalité qu'à travers cette capitale illusoire. Ils disent, par exemple, Sexe, Liberté, Pain, Sport, Révolution, Marxisme, Fascisme, et ils le disent toute leur vie, quelles que soient les circonstances. Leur destin est tragique : la vie leur file entre les doigts pendant qu'ils répètent, fascinés, un seul et même mot. Je ne sais quel Russe a dit un jour : « Ma botte vaut plus que

Faust! » C'était un simple imbécile, comme la plupart des Russes. Cela revient à se lever au beau milieu d'un concert symphonique et à dire : « Je préférerais un cornichon aigrelet! »

L'intelligence – le contraire de l'imbécillité – est une fonction souple et polyvalente qui cherche à évaluer la réalité dans son ensemble selon ses propres valeurs. Je reconnais un homme intelligent au nombre des valeurs qu'il se garde de confondre. Or, notre époque traverse une crise, elle confond péniblement les valeurs. Lorsqu'elles ne sont pas complètement déconsidérées, les valeurs spirituelles sont utilisées à des fins extérieures (économiques, politiques, sexuelles). Et nous n'avons rien à opposer à ce chaos qui nous entoure. Rien. Parce que nos vieilles expériences effectives et victorieuses ne correspondent plus au moment présent; parce que les quelques vérités dont se glorifiait tant et plus notre continent sont devenues des dogmes, des schémas morts, trop étroits pour les dimensions de l'homme qui est en train de naître. Alors, on regarde autour de soi et on a pour seule consolation d'être *vivant*, d'être prêt n'importe quand à croître et à s'amplifier.

... Voilà pourquoi chacun doit continuer à livrer ses batailles. Si chacun agissait sans penser à une récompense, cette terre serait un paradis. Si dix hommes seulement agissaient librement, ouverts à toute la réalité, sans préjugés ni dogmes, la vie pourrait aller de l'avant sans encombre. Peu importe en effet ce qui se fait autour de nous. Ce que nous faisons nous-mêmes est la seule chose qui compte. N'oublions pas que chacun de nous porte en son sein son imbécile, et qu'il est le seul à pouvoir l'étrangler.

D'UNE CERTAINE EXPÉRIENCE

Attendant, comme tout un chacun, un *homme nouveau* en ce siècle, je me demande à quoi pourront encore lui servir nos glorieux instruments de connaissance, je me demande s'il ne possédera pas la connaissance pleine et entière, obtenue par la collaboration de tout son être, c'est-à-dire notamment de ses passions, de ses agonies et de ses instincts. On a parlé de l'opacité et de la tristesse des passions, on a trop souvent confondu la passion avec l'obscurcissement de la raison. En vérité, il n'y a de passions obscures et tristes que celles qui restent enfermées dans l'individu, qui y restent limitées, encerclées. On n'est triste que si l'on s'aime plus qu'on n'aime sa passion. Rien de paradoxal en cela : la douleur existe seulement tant qu'on la refuse, tant qu'on lui oppose un « contraire » (bonheur, *bien-être* *, calme, confort), c'est-à-dire tant qu'on se souvient d'un état d'âme qu'on a vécu naguère et qu'on regrette à présent. Seule une confusion pareille peut vous faire souffrir, peut insinuer dans votre âme la tristesse, le *taedium cordis,* l'ineffable *akedia* qui dissipent votre quiétude, qui dessèchent votre joie d'être en vie, qui vous enténèbrent l'esprit. Il n'y a rien de moins fertile, de moins viril, de moins responsable que de telles tristesses et mélancolies. Elles ne sont dues qu'à vos limites. Elles ne sont alimentées que par votre lâcheté. Elles n'ont aucun rapport avec la passion qui vous dévore.

Je ne saurais définir « l'expérience » (n'importe quelle expérience) autrement qu'en disant qu'elle est un dépouillement complet et instantané de l'être tout entier. Vous ne pourrez rien expérimenter si vous ne savez pas vous dénuder, si vous ne vous débarrassez pas de toutes les formes par lesquelles vous êtes passé précédemment, si vous ne faites pas de vous une *présence*. Les expériences issues de la « disponibilité », du désir esthétique, du spleen, ne mènent à rien car, au lieu de s'annuler les unes les autres (chacune devenant le milieu nourricier, le plasma créateur de l'autre), elles se rassemblent comme dans un musée : des douzaines de formes mortes, de momies, auxquelles vous attachent d'infinies nostalgies, des regrets, des souvenirs attendris ou joyeux, etc. Ces expériences-là sont purement des accumulations de formes mortes, elles n'ont été vivantes qu'à l'heure qui les réclamait et les actualisait. Tandis que l'expérience authentique devient presque une fonction de votre être, elle se confond avec votre vie et vous incite à la connaître en l'actualisant dans une manifestation sans fin, dans une création ininterrompue.

« Expérience » me semble pour cette raison un terme quelque peu confus. Je lui préfère « vivre » ou l'allemand *Erlebnis,* au sens si riche et si suggestif. Mais vivre ne signifie pas un simple abandon au gré des équations vitales, qui sont toujours variables, contingentes et limitées. Lorsque vous vous abandonnez, ce n'est plus vous qui vivez : *vous êtes vécu*, au hasard. Tout le mystère de « l'expérience » réside dans cette coïncidence parfaite avec le terme qui vous est extérieur (ce peut être une circonstance ou un état d'âme), coïncidence qui n'empêche pas qu'en même temps vous le dépassiez, vous vous en affranchissiez. Aussi chaque nouvelle expérience exige-t-elle un renoncement; non au fait en soi, qui doit être réalisé, actualisé, connu positivement, mais aux limites qui lui sont inhérentes et à celles de l'individu qui le connaît. On ne connaît rien en renonçant à une expérience. Et l'on connaît très peu si on ne renonce pas aux limites qu'elle implique.

J'ai toujours trouvé étrange l'opinion de ceux qui considèrent le renoncement comme une attitude négative envers la vie. Au contraire, rien de positif, d'efficace et de majeur ne peut être obtenu si on ne renonce pas à certaines limites, si on ne dépasse pas les termes de l'expérience, si on ne tente pas de sortir de « l'histoire » (c'est-à-dire du devenir formel de la vie, qui crée des formes – l'histoire – et pourtant les traverse, les dépasse). Si on ne renonce pas à son passé, à son « histoire », on ne peut rien expérimenter en direct, on ne peut donc pas connaître immédiatement, réellement, mais par transparence, par un truchement, par des relations; l'expérience devient alors une éventualité, une abstraction, elle perd son caractère de connaissance *réelle,* immédiate.

Je ne conçois pas de liberté sans expérience, car je ne peux échapper à certaines choses qu'en les vivant, je ne peux clarifier certaines obsessions qu'en les regardant en face, je ne peux connaître le véritable amour qu'en le dépassant. Hors de la liberté, je ne peux pas concevoir une vraie vie spirituelle, c'est-à-dire une vraie création, une collaboration permanente avec le geste essentiel de la vie. Mais la liberté ne signifie pas le libertinage, elle ne signifie pas libérer des instincts aveugles, vivre dans le hasard et l'éventuel. C'est une immense illusion qu'une « liberté » qui vous rend esclave de toutes les éventualités, qui vous mystifie et vous tourmente sans but, qui vous prive de votre initiative et de votre équilibre. La liberté, c'est avant tout l'autonomie, la certitude d'être bien planté dans la réalité, dans la vie, non pas dans des spectres ou des dogmes; la certitude que votre vivre – parce qu'il n'appartient plus à l'individu qui est en vous, aux limites qui sont en vous – est une libre actualisation de toute votre existence et vous donne continuellement d'autres formes, sans jamais s'arrêter à aucune.

Pour aboutir à cette liberté que souhaite l'homme moderne, il n'y a pas d'autre voie – pratique, héroïque, et non contemplative – que celle des expériences. C'est seulement en expérimentant tout qu'on peut connaître réellement la vie humaine et devenir un homme entier. Et c'est seulement une pareille connaissance – c'est-à-dire une pareille réalisation – qui rend possible la liberté de l'homme nouveau, lui ouvre les portes de la vraie création et du vrai bonheur. Ce « tout » n'est pas un paysage panoramique (il n'y a pas *d'addition* des faits, chacun est complété par celui qui le suit) car il ne sera pas un reflet dans l'âme, mais une coïncidence de celle-ci avec n'importe quoi. (Les mots sont usés et je devrais être plus prudent quand j'emploie certains d'entre eux; mais je suis sûr que ceux qui veulent me comprendre me comprendront malgré toutes les imperfections de mon expression.)

Tous les efforts de notre époque sont dirigés vers la création d'un tel homme. On expérimente partout, on tente d'affranchir l'homme ancien de tous les préjugés et les gloires passés, on élabore de nouvelles formes de vie sociale, plus risquées les unes que les autres. Chacun s'évertue à libérer l'individu de certaines entraves (politiques, religieuses, spirituelles) et à créer autre chose à la place, de plus vivant, plein et heureux.

La tristesse inévitable des grandes transformations – soit individuelles, soit générales – ne doit pas nous arrêter. La tristesse n'a jamais rien créé, sauf une certaine poésie. Elle est produite le plus souvent par la conscience de la vanité et de l'évanescence du monde, mais elle trahit les limites de cette conscience, elle est produite par son « histoire », par les reflets du passé. Aucune douleur n'est triste si on la sort de « l'histoire » de l'homme qui l'éprouve, si on la laisse travailler seule, sans s'y opposer ni la regretter. Pouvoir être toujours ce qu'il est au fond : ce miracle est à la portée de l'homme (qui n'en profite pourtant que très rarement). Combien de personnes comprennent cette vérité simple qui ressemble à une devinette?

DE L'ENTHOUSIASME ET D'AUTRE CHOSE

Je ne trouve rien de plus énigmatique que l'enthousiasme. Pour moi, un enthousiaste est toujours un homme à mystères, un homme qui m'attire et que je n'oublie pas de sitôt, même si j'ai compris sa fronde dès notre première rencontre. Je me suis souvent demandé pourquoi j'avais de la sympathie pour les penseurs de majuscules, ces gens qui disent et écrivent : le Fils de l'Homme, l'Élan Vital, la Révolution, la Mort, le Destin, la Femme. J'en connais quelques-uns, que j'écoute avec plaisir, bien que rien ne m'irrite autant que la majuscule (souvenez-vous de ces sons parfaitement martelés, les majuscules). Je pense que la diction est leur principal mérite. Lorsqu'ils disent, par exemple, le Fils de l'Homme, on sait de manière certaine qu'ils vous disent le Fils de l'Homme et non le fils de l'homme. Les détails de ce genre sont appréciés dans toutes les cultures.

Je les excuse parce qu'ils sont enthousiastes. Et parce que l'enthousiasme peut cacher n'importe quoi. J'y retrouve toujours le miracle, énigme de l'enthousiasme. Prendre tous les enthousiastes pour des cerveaux intoxiqués ou vides est simpliste et inefficace. Si je ne m'abuse, la majorité des hommes qui ont compté dans l'histoire de ce continent étaient des enthousiastes.

Nous ne pouvons donc pas rayer d'un trait cette espèce, qui a donné de nombreux penseurs contemporains. Et puis, nous n'avons pas intérêt à le faire. Le spectacle d'une pensée enthousiaste est plus fertile que n'importe quelle méditation sur l'erreur.

La pensée de certains enthousiastes se résume à des aphorismes et à des automatismes (rien n'est plus automatique dans la pensée que les aphorismes, qui naissent directement de la grammaire, parfois même du rythme verbomoteur : « les extrêmes se touchent », etc.). Ces enthousiastes-là procéderont à un renversement mental des images ou des notions consacrées et penseront à travers ce prisme. « On sait », par exemple, que la chair est faible, que la nuit est noire, que la femme est une femme, etc. Ils parleront, eux, d'une Métaphysique de la Chair (bien que personne ne puisse penser ainsi; mais, n'est-ce pas, c'est nouveau, c'est aphoristique), ils diront : la Nuit est la Lumière face au Destin (ou quelque chose de ce genre) et ils écriront des pages sur la Femme-Rêve, la Femme-Idée, la Femme Approximative, et ainsi de suite.

Ce qui caractérise ces auteurs d'aphorismes, c'est qu'ils sont certains de *penser*, certains que leur jeu automatique est une *Pensée*, que leur enthousiasme est un geste créateur. Et ce qui est déprimant et amusant à la fois dans toute cette affaire, c'est qu'ils pourraient avoir raison. En effet, la majorité des problèmes de la pensée humaine se réduit à de tels aphorismes automatiques. Quelqu'un a dit un jour « Vie », avec une majuscule, et des milliers de gens ont découvert dans ce mot toute une problématique, qu'ils se sont appliqués à résoudre. Quelqu'un d'autre a énoncé cet aphorisme : « la mort est la vraie vie » et l'on a écrit des centaines de livres sur cette « idée » (qui, au fond, ne veut rien dire; car « la mort » et « la vraie vie » nous sont toutes deux inconnues). Et le fameux « connais-toi toi-même »?

Et aussi « cherche et tu trouveras », « frappe et on t'ouvrira », etc. Tous ces aphorismes sont dénués de sens ou, si jamais ils en ont un, c'est quand on le connaît déjà ; et pourtant, ils servent de fondements à la philosophie européenne. C'est déprimant.

Il est incontestable que tout ce qui mérite notre attention dans l'histoire de la culture a été créé par et avec enthousiasme. Bien que – je tiens à le souligner – l'enthousiasme puisse cacher n'importe quelle vacuité et n'importe quelle approximation. Peut-être est-ce pour cela qu'un enthousiaste nous impressionne toujours ; *il se pourrait* qu'il dise quelque chose de magnifique, il se pourrait, malgré son ridicule apparent, qu'il vive une vérité fondamentale. Je comprends fort bien l'impression de sacré laissée par l'enthousiasme dans le monde gréco-romain. Il était le point de contact avec l'avenir, avec ce qui *pourrait* se réaliser un jour. Il était le pont reliant à un monde irrationnel mais vivant, où s'abreuvent toutes les imaginations et qu'on devine dans chaque histoire. (N'allez pas me dire que l'histoire est un devenir rationnel et cohérent ; qu'il n'existe pas d'irrationnel et d'irréductible, de liberté et d'arbitraire, de fantastique et d'obscur.) Il était même peut-être le contact direct avec la vie.

Si, comme je l'ai dit, les gens ridicules m'ont beaucoup appris, je dois ajouter que les enthousiastes m'en ont peut-être appris tout autant. Je pourrais écrire toute une morphologie de l'erreur à partir de mes rapports avec l'enthousiasme. L'erreur a ceci de merveilleux qu'on la reconnaît comme telle d'autant plus vite qu'on l'a embrassée avec plus d'enthousiasme, plus directement, en la gratifiant d'une majuscule. Imposée par la logique et l'expérience, par la méditation et l'opiniâtreté, une erreur est quasi fatale. Presque tous les médecins et les ingénieurs que j'ai connus sont irrémédiablement morts pour le spirituel, parce qu'ils ont assimilé l'erreur méthodiquement, expérimentalement. Elle a la vertu de pouvoir être plus facilement comprise que la vérité; d'être souvent plus simple que celle-ci, plus vraisemblable (pensez à l'évolution de la physique depuis cinquante ans; les conceptions sur la matière et l'énergie de 1880-1890 n'étaient-elles pas plus simples et plus vraisemblables que celles d'aujourd'hui, que personne ne comprend?), et quand elle est compliquée, alors elle est plus attrayante, plus vivante, plus fascinante que la vérité, qui reste plate, simpliste et inopérante.

Eh bien, les enthousiastes ont le grand mérite de nous montrer l'erreur, de nous mettre face à face avec elle; soit parce qu'ils dévoilent si évidemment la leur que nous apprenons une fois pour toutes à l'éviter; soit parce qu'ils relèvent instantanément celle dans laquelle nous avons vécu jusque-là et nous invitent à la quitter. De ce point de vue, le commerce des enthousiastes peut devenir une réelle maïeutique spirituelle, c'est-à-dire un excellent outil pour cultiver les vérités.

Il existe une espèce d'enthousiastes que personne ne reconnaît. Ce sont les gens à problèmes, qui ont toujours quelque chose à vérifier ou à justifier, dans n'importe quelle expérience. Des gens qui montent parfois très haut sur l'échelle des valeurs dites spirituelles; des créateurs d'art, des auteurs de livres célèbres. Là, l'enthousiasme lui-même se transforme en problème, en leitmotiv pour d'autres enthousiasmes. Des gens qui se répètent à peu près tous les jours : « Enthousiasmons-nous! » Je connais ici, en Roumanie, un très grand homme qui répète quotidiennement cette expérience depuis trente ans, depuis qu'il fait du journalisme. Il y a aussi Romain Rolland, qui possède presque une technique spéciale de l'enthousiasme factice, de l'autosuggestion en matière de pensée à majuscule. Il dit

Vie, Liberté, Vie Intérieure, Spirituel, tout comme le faisait swami Vivekānanda, mais, alors que celui-ci était un enthousiaste dans l'erreur, Romain Rolland se suggestionne dans l'erreur de l'enthousiasme. Vous voyez que les choses se compliquent.

L'enthousiasme aussi a ses limites. Il m'est arrivé de devoir changer d'hôtel parce qu'un commensal s'écriait tous les jours : *Oh ! la bonne soupe !* En réalité, la soupe était mauvaise, mais ce type ne pouvait vivre qu'avec des majuscules, dans une sorte de mythe, ce qui finit par devenir exaspérant. J'ai choisi intentionnellement un exemple vulgaire, parce que les exemples spirituels sont plus cuisants. Qui donc ne connaît pas nos enthousiastes, ces gens dont la pensée est faite d'aphorismes ou de majuscules et qui manipulent tout un appareil phonétique et toute une sémantique pour nous faire croire qu'ils ont abrité en leur sein une pensée personnelle? Et ce qui est déprimant dans leur cas, c'est que l'idée qu'ils *pourraient* se tromper ne les effleure jamais. Ils ont dépassé depuis longtemps l'expérience de l'enthousiasme, dont désormais seule l'inertie les fait encore vivre. Mais cette inertie du mouvement perpétuel à vide (si je puis me permettre cette expression) est beaucoup plus dangereuse que l'autre, que l'inertie statique. Parce qu'elle met en garde les hommes contre tous les enthousiasmes. Et c'est dommage.

DES ESPÈCES DE LA PENSÉE

Souvent, quand je doute même des idées les plus honorablement établies, je regarde avec une certaine envie – et une certaine pitié en même temps – ceux qui parlent avec assurance de *la pensée.* Le processus de la pensée m'apparaît beaucoup plus complexe, obscur et riche que ne le présentent les livres de logique et le langage courant.

Il ne s'agit pas là des résultats de la pensée, des opinions ou des certitudes qu'elle élabore, choses bien plus graves, mais plus faciles à comprendre. C'est le jeu même de la pensée que je trouve obscur et non étudié. Il y a toutes sortes de manières de penser, si différentes les unes des autres que je me demande si on peut les nommer avec un seul et même terme.

Pour ma part, l'effort que je fais pour penser sur un fait quotidien (un arrangement financier, un scrupule moral, un article écrit ou lu, un jugement sur quelqu'un) n'a rien à voir, mais absolument *rien,* avec l'effort fourni pour penser sur un problème général (Orient-Occident, la civilisation, l'œuvre d'art, etc.) ou final (la mort, le néant, le sens de l'existence) ou sur une question troublante (Dieu, l'âme, etc.).

J'ai choisi délibérément quelques classes d'objets de la pensée nettement différenciées, afin de faciliter la compréhension de ce qui va suivre. Mais je dois ajouter qu'il y en a quantité d'autres que je ne peux même pas définir. Par exemple, cet acte de pensée bien connu qui ne ressemble à aucun autre : essayer de mener quelque chose *plus loin,* pas hypothétiquement, mais *réellement.* Sans parler de la pensée mathématique ou de la pensée symbolique ou encore de celle qui concerne la musique; chacun sait par sa propre expérience que ce sont des actes d'entendement très particuliers.

J'ai parlé d'effort. A la vérité, il arrive souvent que la pensée n'en implique pas. Nous courons sans hésiter sur un chemin aplani, dépourvu d'obstacles. Nous avons alors clairement l'impression qu'*on pense* à travers nous, que nous subissons une opération malgré nous; je ne dirai pas qu'elle se produit automatiquement, mais elle est en tout cas autonome. La valeur la plus spécifique lui manque : la volonté, la personnalité. Or, chose étrange, la plupart des pensées dont *la personnalité* nous frappe sont issues d'un tel processus passif.

Il y a une espèce de pensée qui se distingue de toutes les autres par – qu'on veuille bien excuser ma hardiesse – sa physiologie. Remarquez ceci : chaque fois que vous méditez profondément sur des questions difficiles à définir (la mort, le sens de la vie, le but), vous ne réussissez pas à obtenir la concentration initiale indispensable sans raidir votre corps, arrêter la respiration (ou la ralentir), suspendre tout mouvement du corps et, en même temps, la *conscience* qu'on en a. Cette suspension est nécessaire pour obtenir la concentration requise même dans le cas d'un problème de mathématiques. Je peux fort bien penser à des événements politiques ou à une question de philosophie et simultanément remuer les membres, parfaitement conscient de mon corps (plus précisément : la conscience de mon corps étant présente). Mais certaines pensées peuvent se développer uniquement si on la suspend.

Ce qui m'amuse dans ce problème compliqué de la pensée, c'est que les hommes croient *savoir* comment ils pensent, simplement parce qu'ils connaissent les règles du raisonnement et ont appris un peu de psychologie qui leur dit une foule de choses sur les sensations, les sentiments et les états d'âme. En vérité, le problème de la pensée vivante n'est étudié ni par la psychologie, ni par la logique. (De plus, la domination de la psychologie dans la seconde moitié du siècle dernier en a compliqué l'étude en chargeant les modernes d'un ballast dont ils ont du mal à se débarrasser.)

La science de la pensée vivante, la science spirituelle (si vous préférez), se trouve aujourd'hui à un stade semblable à celui des sciences naturelles avant Copernic et Galilée. Nous ne disposons d'aucune hypothèse générale étayée par un grand nombre de faits, ni d'une méthode rigoureuse et vérifiée pour étudier et comprendre la pensée vivante. (Mais comprenons-nous d'autres réalités psychiques? Les méthodes et les valeurs changent tous les trente ans et « l'âme » est étudiée selon la dernière méthode préconisée par les sciences positives. « L'âme » est tour à tour « matière », « sensation », « énergie », « élan vital », « épiphénomène » et je ne sais quoi encore, excepté *âme*.)

Chaque fois qu'on a essayé d'étudier la pensée vivante, on a appliqué les méthodes des sciences expérimentales, on a fait de la psychologie. Il est pourtant très facile de comprendre qu'elle n'a aucun rapport avec les espèces de la pensée, avec les divers efforts mentaux et les intuitions troubles qui irriguent sans cesse la conscience. Au fond, nous expérimentons une multitude de processus de pensée sans nous poser de questions, sans essayer de comprendre leur déroulement. Or, il y a des choses que nous ne trouverons dans aucun livre, des réalités que seule une méditation introvertie peut découvrir.

Il est hors de doute qu'il faut les découvrir. Nous avons l'habitude de nommer « pensée » des phénomènes qui n'ont peut-être rien à voir avec elle. Il ne s'agit pas là d'une *querelle** de terminologie; il s'agit d'un nouveau système de compréhension des essences.

Je crois également que nous ne nous entendons guère entre nous quand nous parlons de pensée; il y a tellement de façons de penser, et elles sont tellement différentes, qu'il m'est arrivé plusieurs fois une chose paradoxale : *accepter* une « vérité » par un acte de pensée et la *repousser* par un autre. Ce que je dis là semble très bizarre mais, si vous êtes sincère, vous constaterez que cela arrive assez souvent à chacun de nous. Ce ne sont pas, comme on l'affirme, des fautes de logique, une concentration insuffisante, un obscurcissement dû aux passions, une incorrection, mais, le plus souvent, des processus tout à fait distincts de ce que nous appelons pensée.

Peut-être avez-vous fait l'expérience suivante : on trouve dans un livre les mots « si l'on pense que... » et alors on arrête de lire pour réfléchir à ce que propose l'auteur et l'on aboutit à d'autres conclusions que lui. Pas forcément parce qu'il serait partial, mal renseigné ou illogique. Sans que ses affirmations soient fausses, on ne peut pas les accepter. On se dit « je ne crois pas » et l'on reprend la lecture, habitué à respecter « les points de vue » d'autrui. Mais il arrive, après une première tentative de penser comme l'auteur, qu'on revienne sur le passage incriminé, qu'on le pense *autrement* et qu'on voie qu'il est correct.

Nous croyons alors que nous avons mieux fait attention, que nous nous sommes mieux concentrés; qu'à la première lecture nous n'avions pas pensé *comme il faut*. C'est vrai ; cependant, cela ne signifie pas que nous n'avons « pas bien » pensé, mais que nous n'avons pas pensé « à la manière » de l'auteur. Nous avons fait un autre effort que celui qu'on nous demandait.

Pour légères qu'elles paraissent, ces affirmations n'en sont pas moins exactes. Oubliez un peu la pensée morte des autres pour vous occuper de votre pensée vivante et vous ferez des découvertes encore plus sensationnelles.

Tout cela est essentiel et pourtant personne n'y fait attention. Nous continuons à répéter des truismes sur la pensée géométrique et sur la pensée intuitive et, ayant trouvé ces deux mots, nous croyons avoir résolu tout le problème de l'entendement.

DU BONHEUR CONCRET

Le bonheur est une question qu'il ne faut jamais se poser pour soi. Il a un sens et un contenu concret seulement quand on l'envisage pour autrui. Chaque fois que vous vous dites : « Si je fais ceci, si je réussis à vaincre telle faiblesse, à surmonter tel obstacle, je serai heureux », chaque fois que vous vous le dites, vous nourrissez une illusion qui vous fera souffrir encore plus, désespérément. On peut se procurer le confort, des joies, des plaisirs, des voluptés, des satisfactions, des récompenses, mais on ne peut jamais anticiper et réaliser le bonheur. Chaque fois que vous réduisez cette notion à votre propre personnalité, elle perd complètement son sens. Elle est réelle tant qu'elle est absente, tant qu'elle est une simple nostalgie, une attente, une illusion. Vous vous dites : « Si je gagnais un million, je serais heureux! » Mais on ne peut jamais concrétiser, expérimenter ce genre d'attente ou de préfiguration du bonheur. Chaque fois que vous créez, mentalement ou sentimentalement, un bonheur se trouvant quelque part dans l'espace ou le temps, soyez sûr que vous ne le rencontrerez pas.

Elle est étrange, cette *objectivité* du bonheur. C'est l'une des rares choses que nous ne réussissons pas à réaliser tout seuls, pour nous. Au contraire, nous pouvons rendre heureux un nombre infini de gens, un nombre infini de fois. Le bonheur devient *concret* – un état, une expérience – seulement quand le désir qui le précède est dirigé vers autrui. Aucun renoncement n'est trop dur, aucun sacrifice trop coûteux dès qu'il s'agit de faire le bonheur d'autrui. L'homme qui comprend qu'il ne pourra jamais atteindre le bonheur par ses propres moyens, par sa propre ascension spirituelle, n'a qu'une chose à faire (du point de vue de la charité, qui est le critère de ces notes) : réaliser le bonheur d'un autre, des autres. Nous vivons à une époque trop peu paradisiaque; les gens comprennent de moins en moins qu'il existe une réalité du bonheur et que c'est un devoir à accomplir, fût-ce pour les autres. C'est pourquoi ces lignes sur un sujet aussi plat que « le bonheur » peuvent paraître frivoles. Je ne cherche pas à les excuser : j'explique seulement pourquoi je les écris et comment elles s'intègrent dans la compréhension de notre temps.

Nous devons être réalistes, regarder la réalité en face. D'autres époques créaient leurs « idéaux », créaient une abstraction dans un temps et un espace irréels, que l'expérience ne connaîtra jamais. Vivre dans la réalité est notre premier devoir. Nous ne vérifions jamais mieux la réalité que dans notre souffrance et dans le bonheur d'autrui. C'est dans ces deux extrêmes, jamais entre elles, que nous saisissons un maximum de concret. On s'illusionne si l'on croit qu'une vie ordinaire, médiocre, sans souffrances et sans bonheurs, représente la vie réelle, le maximum de concret. Au contraire, une telle vie horizontale participe aux degrés les plus inconscients de l'existence et s'éloigne donc du concret.

Si nous nous proposons de vivre une vie réelle, nous devons renoncer à tout acte orienté (dans un espace-temps projeté mentalement) vers *notre* bonheur. Les illusions les plus abjectes, les idéaux les plus empoisonnés, les abstractions les plus déprimantes sont liés à cette course au bonheur personnel. Si nous devons connaître un jour le bonheur concret, nous le rencontrerons à l'improviste, sans l'avoir cherché, sans l'avoir conquis : il nous sera offert par quelqu'un d'autre. Essayons même de ne pas aspirer à notre propre bonheur. Renonçons à l'idée qu'il pourrait nous être offert un beau jour. Dépersonnalisons-nous – à cet égard – au point de devenir de simples instruments de la vie et du destin. La charité, diffuse dans la vie universelle qui nous entoure, trouvera dans notre être dépersonnalisé un réceptacle accueillant, au bénéfice d'autrui.

Je tiens à souligner que cette attitude n'est ni de *l'altruisme,* ni de la morale, ni de la religion. Nous ne nous conduisons pas de la sorte parce que c'est *bien,* mais parce que ce n'est pas possible autrement, parce que c'est *réel* ainsi, parce que de cette manière nous vivons dans le concret, débarrassés de nos exaspérantes abstractions. Ceci n'est pas une loi morale, mais un état naturel, réel. Qui veut vivre dans le concret doit en subir la règle : jamais pour soi.

Plus un homme est fort, moins il a besoin de lui-même. La force ne se mesure pas aux rapports entre l'homme et le monde, mais entre l'homme et lui-même. Le monde, qui a besoin de lui, peut le condamner pour tel ou tel de ses actes; mais si l'homme est assez fort pour se le permettre, assez fort pour renoncer à un pouvoir qu'il maîtrise, peu lui importe. Plus on renonce à soi, à ses possessions, aux fruits de ses actions, et plus on est plein intérieurement, plus on est concret et vivant.

Le bonheur d'autrui justifie tous les renoncements, toutes les abdications. Le bonheur, pas le confort, l'orgueil ou la volupté. La plupart des gens pratiquent le renoncement pour le confort des autres; et ils le pratiquent par lâcheté, par paresse, par indifférence. On renonce à soi pour ne pas ennuyer l'autre, pour ne pas le contredire, le fatiguer, l'importuner. Vous direz : « Mais c'est ce que les hommes entendent par bonheur, c'est l'idée qu'ils s'en font, laissons-la-leur. » Non, car ils exagèrent toujours l'influence de leurs actes sur leurs semblables. En fait, ils camouflent ainsi leur désir de ne pas être placés dans des situations délicates. On dit : « Je n'ai pas voulu lui répondre pour ne pas lui faire de la peine. » La vérité est différente : on n'a pas voulu répondre (peu importe quoi) parce qu'on se serait trouvé dans une situation désagréable, alors même que le second n'aurait pas eu autant de peine que le laisse entendre le premier.

Par conséquent, tolérer les faiblesses des autres ne signifie pas les rendre heureux, mais seulement préserver leur confort. Et si, au bout du compte, le bonheur résidait simplement dans une série de commodités? C'est un point de vue qu'une intelligence plus vive que la mienne pourrait soutenir. Mais les discussions de ce type ne m'intéressent pas, malgré leur originalité et leur profondeur apparentes. Quoi qu'il en soit, je ne crois pas qu'une longue série de commodités puisse créer le bonheur. D'abord parce que tout confort a son côté négatif : son absence entraîne une atténuation du plaisir, elle est cause de peine et même de souffrance. Le bonheur est un état auquel on ne peut rien retrancher ni ajouter. Il est toujours quelque chose d'insignifiant, de quelconque, qu'on ne remarque pas, qui ne retient pas notre attention. Le confort peut être situé, localisé, extériorisé; on en change, on l'éloigne, on l'emporte avec soi. Tandis que le bonheur est un état fluide qu'on n'atteint pas par degrés; on ne monte pas vers lui, on ne le conquiert pas, on ne l'accroît pas. *Il est,* purement et simplement.

On pourrait me demander : ne vaudrait-il pas mieux

garder intact le confort d'un individu, plutôt que de le secouer afin de lui donner le bonheur? Évidemment. Il serait insensé de supprimer le confort de quelqu'un si l'on n'était pas sûr de pouvoir le remplacer par le bonheur. Il est absurde de passer son chemin après avoir déclaré : « Il existe un état de bonheur, et tu ne l'as pas. » Celui qui a le courage d'apporter le bonheur à quelqu'un doit rester avec lui. Mais, tenez, comptons-nous : combien sommes-nous, assez forts pour avoir l'audace de cette folie suprême? Il y a des milliers de mendiants, d'infirmes, de prostituées. Il est en notre pouvoir de les rendre heureux. Nous ne pouvons plus en douter. Combien d'entre nous sont-ils prêts à sacrifier leur vie pour le bonheur d'un seul (car *un seul* est effectivement concret) de ces déshérités? Et combien d'entre nous se consacreront-ils jusqu'au bout à cette charité?

Nous sommes tous nés avec cette superstition : des places nous attendent plus haut, jamais plus bas. Nous possédons chacun une burette d'huile de lampe, mais, au lieu de la partager en remplissant les quinquets des pauvres gens qui croupissent dans les ténèbres, nous la gardons jalousement par-devers nous, dans l'attente du fanal que nous nous croyons destinés à allumer, pour qu'il éclaire le monde entier. Et, pendant ce temps-là, des gens meurent à côté de nous.

D'UN CERTAIN SENTIMENT DE LA MORT

Le miracle de la mort ne réside pas dans ce qu'elle achève, mais dans ce qu'elle inaugure. Rien d'effrayant si elle met fin à la biologie, si elle conclut définitivement la série des expériences organiques, bref si elle arrête *la vie.* Sous cet aspect, je connais déjà la mort, de par mes expériences, de par ce que j'ai vu chez d'autres gens; j'ai rencontré je ne sais combien de fois ses phénomènes, l'agonie, l'extinction, l'arrêt brutal. Je suis mort si souvent jusqu'ici, comme tout homme, que la vraie mort ne peut plus me faire peur. Chacun la connaît dans ce sens. Ce que personne ne connaît, c'est *le commencement* qui la suit. Il est vrai qu'après chaque mort dans la vie nous réussissons, d'une façon ou d'une autre, à renaître, à entamer une autre vie. Mais nos renaissances ont lieu dans le cadre de la vie organique et morale, elles ont un contenu identique, leurs structures seules varient. Nous renaissons sans cesse, mais nous renaissons avec les mêmes valeurs, la même expérience organique, presque les mêmes lumières spirituelles. Ce n'est pas un changement décisif, unique, irréversible.

Le changement irréversible, nous l'expérimentons seulement dans la mort. Elle a ceci de miraculeux qu'alors commence « quelque chose » de totalement différent de ce que nous connaissions, de ce que nous croyions trouver. Quelque chose continue, que nous ne savions pas voir pendant la vie; que *nous aurions pu connaître,* mais que nous ne savions pas chercher; un impondérable, un mystère, une absurdité, que sais-je encore? A la vérité, bien que ce qui *commence* soit complètement différent de la vie, la mort n'en *continue* pas moins une conscience dont *nous aurions pu* avoir l'intuition de notre vivant. C'est aussi le paradoxe central de la mort : *autre chose* que la vie et pourtant quelque chose que la vie pourrait nous aider à connaître.

Je me demande même si la véritable essence de la vie n'est pas identique à celle de la mort. Mais pas dans le sens que vous donnez à la mort et à la vie. Pour vous, la vie est un passage permanent, un fleuve ininterrompu, et la mort est la même chose, du moins initialement, elle est un passage, un évanouissement dans l'au-delà. Vous pulvérisez la vie et vous en projetez l'image évanescente sur la mort. Vous identifiez la vie et la mort dans ce qu'elles ont d'inessentiel. Pour moi, au contraire, l'essence de la vie n'est pas son dynamisme extérieur, mais une saturation, quelque chose dont on ne peut rien retirer et à quoi on ne peut rien ajouter. Et alors, je me demande si la mort n'est pas la même chose.

Les hommes, qui expérimentent depuis des millénaires la partie négative de la vie, ses lacunes, *son non-être,* les hommes ont conçu la mort comme un maximum de non-être, comme un vide éternel, comme un absolu négatif. Ils ont projeté dans l'éternité, dans la mort, *l'absence* de vie de la vie quotidienne. Si vous étudiez les conceptions de la mort (philosophiques et scientifiques, car en ce qui concerne les croyances populaires, elles ont plus d'intuition et sont donc plus près de la vérité), vous trouverez à leur base l'incapacité de vivre, l'impuissance, le non-être. Vous, qui avez la superstition des philosophes et des scientifiques, vous croyez que si un savant vous présente un livre sur la vie bien pensé (« profondément » pensé), vous devez y ajouter foi. Eh bien, non. Ne faites jamais crédit à ces gens qui vivent en marge de la vie, hors de la vie, de manière abstraite et livresque, qui sentent et qui pensent *comme ils peuvent* (c'est-à-dire très peu).

Que la science et la philosophie nous enseignent la vie et *la mort,* voilà l'une des grandes anomalies du monde moderne. Réfléchissez un instant à l'absurdité de la chose : ceux qui sont appelés à nous apprendre ce qui est essentiel et décisif – notre existence, notre mort –, sont précisément des gens qui étudient la vie dans un laboratoire, qui en connaissent les phénomènes à travers des analyses, ou des gens qui méditent sur la vie dans un cabinet de travail. Ils ne font d'ailleurs que compléter et articuler nos expériences négatives, notre non-être.

Mais reprenons notre propos. Je disais que nous pourrions connaître la mort de notre vivant; pas la mort telle que nous la connaissons tous (ossifications spirituelles, arrêt brutal), mais la mort dans sa signification première, de *commencement,* d'inauguration irréversible. Il nous manque pour ce faire un impondérable – vivre complètement la vie –, il nous manque quelque chose que personne ne connaît; et alors la mort nous apparaît comme un miracle, car elle nous introduit de façon naturelle dans l'impondérable que, peut-être, tant d'entre nous cherchent vainement pendant la vie.

Le miracle réside surtout dans un total renversement des valeurs. La vie telle que nous l'entendons est une ascension continuelle, une permanente amélioration morale et spirituelle, une série ininterrompue de conquêtes, de possessions, de découvertes, d'expériences. Selon nous, l'homme parfait est celui qui a connu et compris le plus, dont l'esprit et l'âme sont montés le plus haut. De douze à soixante ans, disons, il s'efforce sans cesse de monter encore, de se purifier, de continuer à connaître et à comprendre. Au seuil de la mort, il est devenu un homme parfait. Une simple expérience organique et il meurt, il se retrouve brusquement dans un autre monde, où commence autre chose, où les valeurs ne sont pas les mêmes et où l'ascension est comprise différemment.

Tel est le miracle. Tel est le paradoxe : on dépense toute une vie pour s'élever, se purifier, *connaître,* et, dans la mort, on se retrouve peut-être au degré le plus bas de la perfection. Du simple fait de la mort, une pauvre vieille femme peut parvenir beaucoup plus haut qu'un Bergson, qu'un Einstein, qu'un Rodin. On voit aux coins des rues des mendiants en loques ou des pauvresses, on entend parler de gens qui souffrent des pires maladies, qui ont usé leur jeunesse dans les hôpitaux, et on les plaint, sans se dire un seul instant qu'ils sont peut-être des anges parmi nous, des archanges venus nous tenter, ou de simples âmes qui, lorsqu'elles s'envoleront, se trouveront bien plus près de la lumière que les plus grands de nos sages, de nos saints, de nos philanthropes. Certes, c'est seulement une vue de l'esprit, mais le paradoxe et le miracle de la mort nous autorisent à imaginer n'importe quoi. Et je pense à la vanité de notre soif de perfection, d'ascension, puisqu'il existe une mort dont personne ne connaît les lois.

DU MIRACLE
ET DE L'OCCURRENCE

Ceux qui contestent l'existence du miracle oublient qu'il a une histoire et une phénoménologie. Dans l'Antiquité, il était *le contraste.* Le miracle moderne est, au contraire, *le contact*; une simple juxtaposition de faits, et non pas nécessairement leur opposition, dramatique et révélatrice. Autrement dit *l'occurrence,* une rencontre qui aurait pu ne jamais se produire.

Réfléchissez à l'essence de ce miracle quotidien, pour pouvoir comprendre les possibilités d'une nouvelle apologétique, d'une nouvelle démonstration de Dieu.

Car personne ne peut nous prouver que Dieu (ou les dieux) n'intervient pas tous les jours dans notre vie. Il est possible, il est probable que Dieu se montre *sans cesse* à nous. Mais comment voulez-vous que nous le voyions, que nous le *reconnaissions*? Dieu n'est pas obligé de revêtir la forme que nous lui attribuons.

Les gens disent : « Le mystère n'existe plus! » Parce qu'il ne se révèle pas sous l'apparence qu'ils attendent. « Où sont les anges? » demandent-ils. Mais les anges *ne sont pas* comme nous les imaginons. Ils viennent peut-être sans arrêt dans notre vie, mais nous nous attendons à les voir comme les imaginaient nos parents, ou *inversement,* à l'autre extrême. Or les anges, ainsi que toutes les autres créatures célestes, divines, n'ont pas à tenir compte de notre façon de les concevoir, de nos manifestations de scepticisme ou de nos apologies enthousiastes. Ils sont ce qu'ils sont. Nous conférons au miracle – intervention de la divinité dans l'histoire – la valeur d'un mystère pur, que les agents réels du miracle ne sont nullement contraints d'accepter. Si notre conception du mystère ne coïncide pas avec sa vraie substance, tant pis pour nous. Aucune logique au monde ne peut forcer la divinité à agir en prenant les formes que nous lui avons *proposées.* Toutes les argumentations contre l'existence de Dieu, contre les anges (c'est-à-dire contre les hiérarchies célestes) ou contre les miracles, sont absurdes et ridicules. Car elles ont toutes un point de départ erroné : l'absence de Dieu dans le monde, l'absence du miracle dans l'histoire. Ce qui est parfaitement ridicule. En effet : de quelle *absence* s'agit-il? De celle de Dieu là où *nous l'attendions,* de celle du miracle tel que *nous l'imaginions.* Franchement, c'est tout à fait autre chose.

*

En faisant de Jésus le fils d'un homme, le christianisme a imprégné l'humanité de miracle et de charité à un degré inconnu auparavant, lorsque les dieux étaient *autre chose* que les hommes. (Aussi peut-on affirmer, très logiquement, très scientifiquement, que depuis le Christ la substance de l'histoire a changé.) Désormais, puisque Jésus est AUSSI un homme, les miracles sont accomplis sous une apparence humaine, tous les jours. Avant lui, ils étaient thaumaturgiques, exceptionnels, dramatiques. Après lui, ils sont humains et par conséquent on ne peut pas les reconnaître.

Le miracle se distingue d'un fait ordinaire (explicable, produit par des forces naturelles, cosmiques, biologiques, historiques) seulement parce qu'*il ne peut pas être distingué.* Pour paradoxale qu'elle paraisse, cette définition n'en est pas moins très simple. (Réfléchissez et vous la comprendrez.) La forme parfaite de la révélation divine n'est pas reconnaissable; car la divinité ne se *manifeste* plus, ne se réalise plus dans le contraste, elle agit au contact de l'humanité, en prise directe.

Ici, l'occurrence change de valeur par rapport au début de ces notes. (Maintenant, elle ne signifie pas quelque chose d'exceptionnel ou d'imprévu, ni de fatal ou de prédestiné, mais tout simplement un « fait », quelque chose qui s'est passé, réalisé.) Si le miracle est méconnaissable – c'est-à-dire un fait selon *toute apparence* ordinaire –, tous les faits ordinaires acquièrent une importance maxima, car chacun peut receler une intervention irrationnelle, divine. L'occurrence peut alors devenir le guide de notre existence.

Il y a autre chose, d'encore plus important. L'occurrence signifie une chose réelle, une chose réalisée, et nous orienter vers les occurrences est donc *réaliste.* Voilà encore un paradoxe du miracle chrétien (de la phénoménologie du miracle après l'intervention de Jésus dans l'histoire) : le retour au réalisme, au bon sens, au quotidien. C'est une conception antimystique du miracle, car elle délimite très strictement l'expérience religieuse, c'est-à-dire l'expérimentation du miracle par des voies exceptionnelles.

Dieu ne se laisse plus connaître par la seule voie de l'expérience mystique – une voie grave, obscure, jonchée de tentations et d'obstacles –, il se laisse « connaître » surtout par la voie de ce qui n'est pas reconnaissable. Autrement dit, comme il se doit et comme il en a toujours été : la connaissance quotidienne de Dieu (différente des autres degrés, plus clairs, de la connaissance divine : la contemplation, la mystique, l'extase) est obscure, elle est *involontaire,* elle est naturelle. Elle n'est pas une connaissance proprement dite, elle est une reconnaissance, une très obscure participation à la divinité. Le miracle nous conduit à notre insu, malgré nous.

DE L'ÉCRITURE ET DES ÉCRIVAINS

Un ami me soumettait récemment l'idée que voici : « Les jeunes devraient se taire pendant dix ans. » C'est-à-dire se retirer chacun dans sa chambrette, travailler, souffrir, et n'écrire qu'au bout de dix ans. Leurs débuts dans les lettres seraient alors fracassants. Ils s'imposeraient avec tellement d'autorité que personne ne pourrait leur résister. Et l'enterrement des cadavres culturels et littéraires, dont s'occupent actuellement certains d'entre nous, serait quasi automatique.

Je ne veux pas discuter de ce qu'un succès après dix ans de « silence » pourrait encore avoir d'utile, de réconfortant. Je pense seulement à l'efficacité de cette solution : la retraite. C'est un problème embrouillé et subtil à la fois. Je connais, par exemple, quelqu'un qui publie depuis dix ans presque tous les jours et qui, pourtant, *n'a pas encore commencé à écrire* : il se prépare. De nombreux autres refusent de publier ce qu'ils ont écrit ou d'écrire ce qu'ils pensent. Au fond, écrire est moins simple qu'il n'y paraît. Et l'on ne peut pas dire que tout ce qui *est publié est écrit*. Être édité ou non n'a aucune importance, on peut s'en passer.

Dans tout cela, il n'y a que vous qui êtes important. Vous, avec votre pensée, vos expériences, vos réactions, votre thérapeutique. Je crois avoir échappé désormais à la superstition du « style », avec lequel on a si longtemps confondu l'écriture. Si l'on veut se forger un style, on a peut-être besoin de claustration; pas pendant dix ans : pendant cinquante. Parce que le style implique l'amélioration grâce à la technique, en vue d'une perfection qu'on n'atteint jamais.

Et l'écriture? Quel rapport peut-elle avoir avec « le style », « l'amélioration », « la perfection »? Vous écrivez tel que vous êtes *en ce moment.* Pas tel que vous serez dans dix ans : un autre, peut-être plus complet, plus profond, mais un autre. Ce qui m'intéresse, moi, c'est l'homme qui est en vous, celui de maintenant, et il n'y a que votre écriture qui puisse me le révéler. Peu m'importent les imperfections et les naïvetés, les contradictions et les obscurités. Elles appartiennent à celui que vous êtes actuellement, celui qui est bien vivant. Si vous éprouvez l'envie d'écrire (ce qui est aussi une façon de vous trahir, de vous confesser), faites-le et ne corrigez pas dans un an. Nous avons assez vécu dans la hantise de la correction et de la perfection. Le temps est venu de laisser de côté tous les préjugés et de regarder la vérité en face : tout labeur sur cette terre est périssable, il ne mérite pas d'être revu, amélioré, une fois passée l'heure qui le réclamait; tout ce que nous faisons, mais absolument tout, est voué à la destruction, comme chaque chose terrestre; dès l'instant où nous entrerons dans l'au-delà, dans la vraie vie, tout ce qui était nôtre ici-bas se perdra dans le brouillard, ne présentera plus le moindre intérêt, n'existera plus qu'en tant que *faits,* or les faits ont la propriété d'être tous pareillement utiles ou pareillement inutiles.

Je me souviens qu'à l'université un de mes professeurs m'a demandé un jour pourquoi j'écrivais et publiais « si jeune »; selon lui, je le regretterais plus tard, j'aurais dû attendre je ne sais combien d'années (une vingtaine, je crois), pour être plus mûr, etc. Je lui ai répondu simplement que, dans dix ans, je serais *peut-être* mort. Et c'est la vérité. (Pas *peut-être,* sûrement.) Parce que nous sommes destinés à grandir et à changer, il est certain que je ne penserai plus à quarante ans ce que je pense à vingt (et qui a une valeur en soi, à condition de ne pas juger à travers « le style »). Pour la bonne raison que le jeune homme sera mort depuis longtemps en moi, il aura cédé la place à quelqu'un d'autre, quelqu'un de plus mûr et modéré. Et il serait stupide que celui-ci regrette alors l'enthousiasme et les erreurs du jeune homme. Quel rapport y a-t-il entre les deux?

L'ensemble de ce problème – attendre, se parfaire en silence, ne pas se compromettre – plonge sans doute ses racines dans le nom. C'est pourquoi – la proposition de renoncer au nom étant trop inhumaine (divine) pour être jamais réalisée – il serait tout à fait indiqué que les auteurs changent de nom tous les trois ans. Pour que leur passé ne les encombre pas, pour que leurs jugements aient toujours de la fraîcheur, pour qu'ils restent toujours vivants, pour qu'ils ne soient pas alourdis par la carapace d'une légende. La perfection de l'écriture n'avait de raison d'être que lorsqu'on croyait encore au « style ». A cette époque, l'auteur travaillait sur chaque page, il ordonnait son livre, il recopiait sept fois son manuscrit. Il était en permanence « mécontent de ce qu'il avait fait ». Mais ce sentiment de « mécontentement » était complètement extérieur à l'écriture. Personne (sauf peut-être un crétin) ne sera jamais content de ce qu'il a écrit. Alors, n'est-il pas inutile de s'appliquer et de peiner pour améliorer ce qu'on a dépassé depuis longtemps?

Je me demande quand il sera clair pour tout le monde que la façon dont un livre est écrit ne compte pas. Seul compte celui qui l'écrit. Avez-vous remarqué qu'il n'y avait que les livres « imparfaits » pour défier le temps (Rabelais, Cervantès, Shakespeare, Balzac, Dostoïevski)? Il y en a qu'on pourrait écrire de vingt manières (par exemple *Gulliver* ou *Don Quichotte*). C'est *par hasard* qu'un livre nous est parvenu tel que nous le connaissons. Il aurait pu être écrit tout autrement sans être moins savoureux, moins génial ou moins profond. *Tristram Shandy* est un livre que n'importe quel romancier de troisième ordre, n'importe quel journaliste ou professeur d'anglais auraient pu écrire « plus correctement », avec plus de style et d'ordre. Tandis que *Climats,* de Maurois, est un livre tout bonnement « parfait ».

Non, messieurs, cette histoire d'attente, de préparation et de perfectionnement n'a pas de sens. Nous ne devons pas nous faire trop de souci pour l'avenir, comme nous ne nous en faisons pas pour le passé. Il est presque absurde de croire que, dans un certain nombre d'années, j'écrirai « mieux » le livre que je suis en train d'écrire. Je l'écrirai autrement, c'est tout. Je ne résoudrai pas « plus correctement » le problème qui me tracasse aujourd'hui : je l'ignorerai tout simplement, parce que j'en aurai d'autres à régler. Il en est ainsi, il doit en être ainsi.

Au fond, toutes ces choses n'ont guère d'importance; elles participent à la vanité de l'heure présente et elles sont éphémères comme elle. Faisons-les si nous en éprouvons l'envie et si c'est nécessaire. Mais sans plus. Oublions-les ensuite, comme tant d'autres, urgentes, brûlantes, folles, douloureuses, douces, qui relèvent du moment et qui, demain, nous apparaîtront comme de simples *faits.*

Si nous réussissons à transformer toutes nos pages en faits, peu importe que nous les écrivions à quinze ans ou à soixante-quinze. De tels « faits » n'ont rien de commun avec la perfection, avec le style. On pourrait tout au plus les appeler « œuvre »; car on devine derrière eux un cerveau et une âme qui ont grandi, au lieu de polir toute la vie le même bloc de marbre afin d'obtenir une statue parfaite, comme le font ces immortels provinciaux qui ne m'inspirent que la pitié.

DES HOMMES ET DU ROMAN

Je lisais *Manhattan Transfer,* de John Dos Passos, et je me disais qu'il est admirable de trouver dans un roman des gens vivants qu'on hésiterait, si on les rencontrait dans la vie, à croire sincères et, surtout, vivants. Ceci en raison d'un paradoxe apparent : la psychologie courante, quotidienne, complique et fausse les gens. En jugeant leurs actes et leur intimité à travers la psychologie, nous aboutissons à une série de classifications factices; la première consistant à classer les gens en sincères et fourbes, en vraisemblables et invraisemblables, en normaux et exagérés, etc. Ce sont des classifications à la fois arbitraires et complètement erronées. On s'en persuade en faisant par exemple la connaissance, dans *Manhattan Transfer,* de Stan, jeune alcoolique déséquilibré dont Ellen tombe amoureuse et qui se conduit d'une façon tout à fait « anormale », « exagérée », sans donner pourtant un seul instant l'impression d'être un fantoche. Il vit avec une vigueur et une immédiateté qui vous dépassent purement et simplement; vous levez les yeux, et votre vie ou celle de vos amis vous paraît tout à coup fade, transparente, automatique. Vous comprenez que la psychologie vous a berné une fois de plus.

La littérature connaît d'autres cas de ce genre, ne

serait-ce que Dostoïevski, qui a ouvert des zones nouvelles à la psychologie et offert de nouveaux instruments à la connaissance. Des cas où les jugements courants sur les hommes et les critères simplistes sur la vie psychique sont modifiés par la réalité révélée dans un livre. Et encore, chez Dostoïevski les personnages sont expliqués, commentés, justifiés. L'auteur leur donne toute une armature psychologique, croyant peut-être les étayer ainsi, alors que leur simple vie y suffisait.

Ce qui impressionne et en impose dans le roman de Dos Passos, c'est l'absence totale de psychologie, d'analyse et d'explication. Pas une ligne pour expliquer « ce que veulent les personnages » ou « pourquoi ils ont fait ceci ou cela ». Ils sont parfaitement autonomes et dépouillés. Ils bougent, vivent et meurent conduits par leur destin, sans que l'auteur les soutienne ou les corrige.

Qualité très rare dans les romans continentaux, les personnages vivent seuls, sans psychologie, c'est-à-dire sans intervention de l'auteur pour les expliquer ou les justifier, eux et leurs actions. Je pense à tous les efforts d'analyse et de construction auxquels ont recours les romanciers continentaux pour faire tenir debout une demi-douzaine de personnages (dans *Manhattan Transfer* il y en a près de cinquante), à toutes les admirables pages de « psychologie » qu'ils doivent composer pour donner une apparence normale à un héros (comme si celui-ci avait un quelconque rapport avec la vie d'un homme réel), enfin à tous les appareils qu'ils doivent inventer pour que leurs personnages puissent marcher. Supprimez les introductions biographiques, les explications psychologiques, les nuances analytiques et vous verrez qu'un très bon roman devient brusquement inerte, avec des fantoches en guise de personnages. Ceux-ci, nous les connaissons parce que l'auteur nous en parle, nous assure qu'ils ont un état civil, nous dit qu'ils ont fait une chose ou une autre, nous confie ce qu'ils pensent de certaines réalités, les tient par la main d'un bout à l'autre du roman, les explique, les justifie et les illustre. Je voudrais bien les voir vivre seuls, sans leur inséparable armure de justifications psychologiques, ces personnages que je ne peux pas appréhender directement, grâce à leurs actes et à leurs pensées, et dont je ne peux finalement pas dire que je les connais (car je connais les états d'âme ou les virtualités qui me sont présentés d'une façon cohérente, tout comme un livre d'anthropologie me permet de connaître les sauvages), dont je ne peux pas dire non plus qu'ils sont *des êtres humains.*

Parce que, dans la vie quotidienne, nous connaissons surtout des étiquettes (le snob, le brave homme, le jeune étourdi, le mondain, la jeune fille intelligente, la femme supérieure, etc.) et des automatismes psychologiques (la tristesse, la joie, la volupté, l'enthousiasme, la dépression, etc.), parce que nous avons pris l'habitude de croire que nous connaissons *les êtres humains,* nous croyons aussi que les personnages d'un roman *vivent* dès que nous devinons plus ou moins leur structure, dès que nous savons à peu près quelles virtualités se cachent dans leur âme, dès que nous supposons ce qu'ils pourraient faire dans certaine circonstance. Mais ce n'est pas une *connaissance* proprement dite et nous ne connaissons pas là *des êtres humains* proprement dits. Lorsqu'on nous annonce qu'untel est un poète et unetelle une demi-mondaine, ces qualificatifs nous font croire d'emblée que nous les connaissons. De même, quand on nous dit dans un roman que Jean Dupont est musicien et négligent et qu'il est l'amant d'une voisine, nous croyons le connaître. Mais c'est une connaissance sommaire, une pseudo-connaissance. On ne doit pas nous parler de

Jean Dupont, on doit le laisser agir tel qu'il est, pas comme le voit l'auteur. Les explications psychologiques sont toutes inutiles si elles se rapportent seulement à une étiquette ou à un automatisme psychique.

Ne croyons donc pas *connaître* les personnages d'un roman simplement parce que nous savons les expliquer psychologiquement et les intégrer dans une certaine classe. De cette façon-là, « psychologiquement », nous connaissons beaucoup de gens qui nous côtoient, qui font partie de notre vie, mais dont, au fond, nous ne savons rien. Il y a une connaissance *essentielle, réelle,* directe, qui se passe de psychologie. Certains l'ont peut-être expérimentée dans la vie; dans la littérature, on la rencontre rarement, essentiellement chez les Anglo-Américains.

Lorsque nous connaissons quelqu'un de cette manière-là, rien de ce qui le concerne ne nous agace, ne nous donne une impression de fausseté, d'exagération, d'arbitraire. J'évoquais Stan, dans *Manhattan Transfer.* Je pourrais mentionner aussi *Tarr,* de Wyndham Lewis, dont les personnages (en particulier le magnifique Kreisler) agissent d'une façon désordonnée, funambulesque, comme dans une arlequinade, tout en étant vivants, réels, immédiats. L'auteur a su nous les faire connaître tout d'abord; après quoi il s'est permis n'importe quoi avec leur vie, sans recourir à « la psychologie ». Car celle-ci est souvent la pierre tombale du romancier.

DE LA MORT ET DE L'HISTOIRE LITTÉRAIRE

J'ai relu récemment un des essais les plus beaux et les plus personnels de Samuel Butler, *Comment réaliser une vie parfaite* (traduction approximative de *How to make the best of life*). Butler s'excuse d'emblée d'avoir accepté de traiter un sujet aussi ardu, car il n'est nullement sûr d'avoir tiré le meilleur de sa propre vie. « La vie ressemble à quelqu'un qui jouerait un solo de violon en public, mais sans savoir jouer, en apprenant à ce moment-là, devant le public. » Butler finit pourtant par nous dire quel est, selon lui, le secret d'une vie parfaite, bien remplie, fructueuse : vivre après sa mort dans l'amour de ses amis, de ses disciples, de ses descendants. « La mort donne à certains hommes une vie en regard de laquelle leur existence terrestre n'est qu'une ombre. »

J'évoque cet essai de Butler parce que, bien qu'apparemment sans rapport avec ce que je dirai ci-dessous, il est une admirable introduction à la discussion du rôle d'un penseur ou d'un écrivain qui va contre son temps.

C'est-à-dire qui est au-dessus du temps. Ce fut le cas de Butler. Son meilleur livre ne fut pas publié de son vivant; et ceux qui le furent passèrent inaperçus. Non seulement il ne fut pas remarqué par le grand public, ce qui ne veut pas dire grand-chose, mais il ne le fut pas non plus par la critique, par l'élite, par ses amis. Tous voyaient en lui quelqu'un de bizarre et s'arrêtaient à ses bizarreries. Il a fallu que passent vingt ans pour qu'on commence à l'étudier et à le traduire. Cinquante autres passeront avant qu'il ne devienne populaire. Avant qu'il n'accède à « la vie en regard de laquelle l'existence terrestre n'est qu'une ombre ».

Mais il s'agit dans tout cela de la mort, une question qui me dépasse. Je pense cependant qu'il existe d'autres sortes de morts, qui se confondent pour une bonne part avec l'histoire de chaque individu. Chacun laisse derrière lui certaines morts, parce que chacun a commencé plusieurs fois des vies nouvelles. Il y a des choses que nous sommes appelés à faire ou à dire une seule fois, après quoi elles ne nous intéressent plus; nous les oublions, elles passent dans notre histoire, dans notre mort. Or, il arrive que ces choses-là précisément, mortes depuis longtemps pour nous, deviennent porteuses de vie, provoquent la pensée des autres, éveillent leur curiosité, leur colère ou leur amour.

Je pense au sort des bons périodiques dont on découvre qu'ils étaient bons un quart de siècle après leur disparition. La plupart des courants littéraires ont été engendrés et nourris par des revues qui ont circulé des années durant dans des milieux très restreints et qui ne sont devenues que par hasard populaires et puissantes (voir la *Nouvelle Revue Française*). En Roumanie, des revues qui ont paru peu de temps mais avec éclat représentent presque tout ce qu'il y a eu de meilleur dans la littérature et la pensée depuis la guerre. J'ignore ce qu'étudiera l'historien littéraire de l'avenir dans les rayons de la bibliothèque de l'Académie. Mais je suis sûr qu'une fois tous les dix ans il se trouvera une douzaine de jeunes gens pour compulser, étudier et savourer, par exemple, *Cetatea literară.* Ces morts-là sont celles qui mettent fin à l'éphémère, au diurne, au transitoire, pour faire place à la vraie vie, que l'auteur ne soupçonnait pas ou, sinon, qu'il avait oubliée. Je suis sûr que le *Faux traité à l'usage des auteurs dramatiques* retiendra l'attention dans cinquante ans comme les autres écrits de Camil Petrescu [1] ne l'ont encore jamais fait et ne le feront probablement jamais.

Curieusement, ce qui est le moins important et solennel, ce qui évite le plus nettement l'éternité, a le plus de chances de vivre longtemps. Ainsi les journaux intimes, litanies de morts, de faits morts, de pensées mortes. Rien de plus vivant et fascinant, pourtant, que ces cimetières. Leurs auteurs ont si bien su mourir chaque jour... Prenez les solennels souvenirs de D'Annunzio, *Le Faville del maglio,* des pages parfois admirablement écrites, mais sèches, sèches, pas mortes. Et comparez-les au journal d'Otto Braun, ce jeune philosophe allemand mort à la guerre, qui ignorait quel trésor il portait dans sa musette.

Il faut certes avoir du talent, de l'intelligence, du génie. Mais bien des gens en ont. Cela ne signifie presque rien; seulement qu'on est un candidat. Candidat à n'importe quoi. Pour aller plus loin, il faut savoir autre chose aussi : mourir. Un savoir bien difficile à acquérir. Mourir chaque jour, avec chaque œuvre, avec chaque page écrite. Une heure de vie à brûler complètement pour pouvoir l'oublier, la renier, l'abandonner comme un cadavre. C'est pourquoi je pense que le journal, que les notes intimes, sans importance, contiennent tellement de force et de soif d'éternité. Ce sont des pages subites comme la mort, ou

1. Auteur dramatique, essayiste, poète, romancier (1894-1957). *(N.d.T.)*

qui agonisent comme elle, ou qui en font prendre conscience. Il n'y a en elles rien de ce que le monde a de vivant, et elles ne sont pas « fabriquées ». Elles sont telles que les voit leur auteur à l'instant où il les écrit : trop ardentes, trop tourmentées, trop nues pour exister longtemps dans ce monde vivant du transitoire et de l'instantané. Et alors, elles passent mystérieusement dans l'autre vie, celle des choses mortes, grandes ou petites, mais mortes.

POINTS DE VUE

J'ai eu entre les mains un livre sur les dieux védiques, publié par un médecin indien, le docteur Rele, et intitulé *The Vedic Gods as figures of biology* (Bombay, éd. Taraporewala, 1931). Rele n'est pas un nom inconnu des amateurs d'orientalisme. Il avait déjà publié quelques années plus tôt deux livres qui ont suscité, l'un et l'autre, d'interminables discussions dans la presse indienne, avec de vagues échos en Europe et en Amérique. Le premier, *The Mysterious Kundalinī,* s'occupait du yoga; le second était une interprétation du *Bhagavad-Gītā*. Les deux, étant écrits par un médecin, apportaient des solutions mi-scientifiques, mi-fantaisistes à des problèmes de physiologie mystique et de psychologie religieuse. D'une lecture entraînante, riches en suggestions, surprenants dans leur dialectique intime, ils ont bénéficié de préfaces signées par des noms illustres (Sir John Woodroffe, E.J. Thomas) et le public les a accueillis avec un vif intérêt.

Ce qui m'intéresse ici, ce n'est pas seulement que le docteur Rele croit avoir trouvé le critère d'interprétation des dieux védiques, mais également qu'il étaye sa thèse avec une quantité impressionnante d'éléments consistants. En lisant son livre, en suivant son argumentation, on s'aperçoit que les dieux védiques *pour-*

raient être effectivement des « figures biologiques », comme il l'affirme. Ne nous méprenons pas sur cette expression : il ne s'agit pas des principes biologiques généraux – lumière, soleil, vie, alimentation (ce qui était récemment encore l'interprétation de certains théoriciens hardis du *Vedic Magazine,* organe de la secte Arya-Samaj) –, mais de faits précis, de localisations dans l'écorce cérébrale, de très subtils détails anatomo-physiologiques que, selon le docteur Rele, les rishi connaissent depuis longtemps et qui sont clairement dévoilés dans les hymnes védiques. Agni, par exemple, n'est pas *seulement* le dieu du feu céleste et sacrificiel; il est aussi « la matière grise du système nerveux cérébro-spinal ». Exprimée de la sorte, l'opinion du docteur Rele semble déconcertante; pourtant, les arguments et les textes la justifient. Agni peut être aussi la matière grise, de même que chaque autre dieu védique *peut* être l'organe ou la fonction physiologique indiqué par l'auteur.

Ce qui est intéressant, ce sont la cohérence et la complétude acquises par les personnalités ou les rites védiques dans une interprétation biologique. Ils n'apparaissent pas arbitraires. Ils sont une vision parfaitement objective – fruit d'innombrables observations et expériences sur le corps humain et ses fonctions –, mais exprimée par la mythologie, c'est-à-dire par le fantastique.

Les autres hypothèses sur les figures védiques n'apparaissent pas moins vraisemblables, cohérentes et naturelles. N'importe quelle hypothèse – pour un certain temps, pour une certaine structure intellectuelle – est justifiée et recoupe les faits; si ce n'est tous, du moins ceux qui sont essentiels. La question qui a tourmenté la science et la critique philosophique du siècle dernier est la suivante : comment distinguer *la bonne hypothèse* des fausses, des pseudo-explications?

Voyons ce qu'il en est dans le cas que nous examinons, celui de l'exégèse védique. De Sāyana à Arthur Berridale Keith, que d'interprétations, que de commentaires! Roth, au milieu du XIXe siècle, s'émancipait de l'interprétation médiévale de Sāyana, pour en proposer une autre, plus pure et plus proche, croyait-il, de l'esprit primitif de ces livres sacrés. Après lui, vint Max Müller, avec ses théories fameuses et non fondées, que remplacèrent celles, beaucoup plus vraisemblables, de Bergaigne et de l'école française. Puis apparurent le courant sociologique – qui balayait les derniers restes d'anthropologie – et, finalement, l'interprétation phénoménologique.

Laquelle de toutes ces thèses est la bonne? Difficile à dire. Le linguiste choisira celle qui puise le plus dans l'histoire du sanskrit. L'historien des religions celle qui privilégie le panthéon védique dans la ligne générale de l'évolution religieuse. Le sociologue celle qui analyse et explique les phénomènes selon son propre système.

Quoi qu'il en soit, retenons ceci : les *Védas* peuvent être interprétés et compris de nombreuses façons. Entre autres, à la surprenante façon du docteur Rele. Par ailleurs, ce qu'on peut apprendre dans son livre est bien plus important que ce qu'il veut nous apprendre. Pour ma part, je ne pense pas qu'il soit dans le vrai quand il affirme que les rishi avaient autant de connaissances anatomo-physiologiques. Mais je reconnais qu'on peut attribuer aux dieux védiques des valeurs biologiques. Autrement dit, un seul et même fait peut être valorisé (d'une manière cohérente, et non allégorique ou symbolique) selon une pluralité de points de vue.

Les différents critères ne s'excluent pas les uns les autres. Les dieux védiques peuvent fort bien être, *en même temps,* des forces naturelles, cosmiques, sacrificielles et biologiques. Ils peuvent également avoir des valeurs éthiques, sociales, religieuses et scientifiques.

Non que les anciens Indiens aient *connu* ces vérités et *voulu* que leurs dieux les symbolisent. Mais pour la simple raison que la mythologie védique – pareillement à nombre d'autres créations de la vie sociale – est une réalité polyvalente, que l'on peut appréhender, comprendre et valoriser sous des angles multiples.

Pensez au *Cantique des cantiques,* poème nuptial d'une peuplade pastorale (d'après les derniers résultats de l'exégèse biblique), qui possède néanmoins une structure mystique, une structure allégorique et une structure religieuse. Suivant le prisme à travers lequel on le regarde, le poème se transfigure, il acquiert d'autres valeurs, une autre orientation et de tout autres intentions. Mais qui pourrait affirmer que les auteurs *connaissaient* le sens mystique ou le sens allégorique de leur poème? Et pourtant, qui pourrait nier l'évidence de ces sens?

Il semble qu'il y ait des choses, ou des vérités, qui se vérifient tout aussi bien et dans le même temps sur une pluralité de plans. Nous ne pouvons pas garder à leur égard un critère monovalent, un jugement de valeur absolu. Ce sont les créations de l'activité fantastique d'une collectivité, d'une époque, d'une race. Bien qu'elles soient « symboliques », elles n'appartiennent à aucun symbolisme; je veux dire qu'il n'y a en elles rien d'élaboré, aucune individuation. Elles sont les données immédiates d'une conscience collective. Chaque fois que nous tentons de les isoler et de les valoriser, nous n'obtenons que des points de vue.

LA MODE MASCULINE

J'ai toujours trouvé étrange que nos contemporains se désintéressent des grands et vrais problèmes. Alors qu'il y a des centaines de milliers de personnes qui suivent et commentent passionnément les moindres nouvelles politiques, il est difficile d'en rencontrer une ou deux qui se soucient, par exemple, de la mode masculine, un problème beaucoup plus sobre et vital que tous les remaniements et complots politiques du monde. Il serait aisé de préciser la cause de cette bizarre indifférence. Mais ce n'est pas ce qui nous intéresse. Ce qui nous intéresse, c'est qu'elle persiste depuis des dizaines d'années, malgré le mal formidable qu'elle provoque, malgré la monotonie déprimante qu'elle introduit peu à peu dans l'existence des hommes.

Il semble que, depuis la mort du « beau Brummel », l'élite pensante et courageuse n'ait plus accordé aucune attention à cette question capitale : l'hygiène et l'esthétique des vêtements masculins. Un solitaire par décennie a tenté une réforme, a proposé une chemise sans col, a dessiné un nouveau modèle de chaussures, plus confortables. Sans être suivi par l'élite ni par la foule. Ce genre de tentatives a reçu l'accueil amusé et indifférent réservé aux trouvailles sensationnelles. Et la mode masculine est devenue un sujet frivole. En matière vestimentaire, les hommes ne suivent plus que le rituel stupide des grands couturiers, la fantaisie des snobs ou le goût des dames.

Le sujet est devenu si trivial que je ne me rappelle pas avoir jamais rencontré un homme sérieux qui consente à admettre qu'il existe un problème de l'habillement masculin.

L'homme sérieux se croit obligé de porter des vêtements anodins, modestes, gris, vieux, sales. C'est du romantisme attardé. Une sorte d'opposition aux instincts, qui réclament avant tout un veston confortable (pas le sac à boutons qu'est le veston moderne), un pantalon large et décent (pas les tuyaux en étoffe qui entravent les mouvements des cuisses, qui font transpirer, qui font saillir les genoux, qui collent aux chaises, qui flottent grotesquement quand on marche), une chemise hygiénique flattant la beauté du cou masculin (pas de col, pas de cravate, pas de manchettes).

Nous nous habillons d'une manière atrocement ridicule. Non seulement ce n'est pas hygiénique, pas confortable, pas décent, mais en plus c'est laid au possible. Avez-vous vu un homme courir dans la rue, après le tramway ou après son chapeau, avez-vous remarqué ses mouvements, la position de son corps et de sa tête? En comparaison, la fille la plus repoussante aura l'air d'une Diane. Incontestablement, l'Européen moderne est accoutré pour être laid et ridicule. Des douzaines d'agents, de superstitions et de modes y contribuent. D'où, probablement, la surprise agréable qu'on a en voyant des hommes en maillot de bain, tandis que les femmes en costume de bain sont entourées d'une indifférence plus ou moins générale. La mode a réussi à cacher ou à ternir tout ce qui est ligne, équilibre, signification dans la beauté virile.

On prétend que les habits actuels sont pratiques et bon marché. C'est faux. L'uniforme de scout (généralisé en Europe du Nord, aux colonies et à l'Est), le costume de golf, le saroual sont bien plus confortables. A cet égard, le saroual n'a pas son pareil. Il est si ample qu'on ne le sent pas, il est discret, majestueux et décoratif. Qui n'en a jamais porté ignore le bonheur des genoux et des cuisses. Je ne parle pas du saroual de carnaval, mais du solide saroual afghan, large et doux. Pensez par ailleurs à nos chemises, horribles avec leurs boutons de manchettes, leur col qui étrangle, la cravate qui rompt l'espace magnifique de la poitrine. Une chemise mexicaine à manches larges et pas trop longue est mille fois plus belle et confortable.

La ceinture enlaidit la taille. Avez-vous jamais pensé à la taillole? Elle modifie instantanément la silhouette, elle met agréablement en évidence la ligne des épaules. Inutile d'insister sur les chaussures de toutes sortes, un véritable supplice.

Le costume actuel n'est donc pas le plus confortable. Il a été introduit et accepté à la suite d'une prodigieuse série de mutations, d'ajustements et de fusions. Si l'on écrit un jour une histoire de la mode masculine depuis « le beau Brummel », on fera des découvertes extrêmement intéressantes : l'influence des grandes industries, la décadence de l'esprit « dandy », remplacé par l'esprit « snob », une orientation prononcée vers la fantaisie, l'initiative des gens dénués de goût (les grands couturiers parisiens, les lords) à la place de celle des artistes, etc. D'une décennie à l'autre, notre costume s'est enlaidi, affadi.

Il est aujourd'hui monotone, plat, impersonnel. La vie d'intérieur de l'homme moderne est privée de couleur, de cérémonial, d'harmonie, contrairement à celle, privilégiée, de la femme. On dirait que cela n'intéresse et n'influence pas l'homme sérieux. Il vaque à ses affaires. Pensez à la bonne humeur que suscite une pièce claire, sobre et personnelle, comparée à une chambre d'hôtel, standardisée, étrangère. Il en va de même des vêtements, qui constituent une espèce d'« expérience indistincte » dont nous ne pouvons jamais nous débarrasser. Un vêtement pratique, ayant un petit cérémonial cinétique, réjouit autant qu'un pot de fleurs au soleil, qu'une fenêtre bien éclairée. Mais nous autres, hommes, n'avons pas droit à ces menues voluptés d'intérieur, que nous offre tout au plus le pyjama.

Personne ne pense plus à ces problèmes. Placides, nous suivons toutes les fantaisies d'un couturier millionnaire et snob de la Capitale du Monde.

APOLOGIE DU DÉCOR

J'ai publié il y a quelques jours un article sur « la mode masculine », soulignant qu'il s'agissait d'une question sérieuse. On l'a pris pour un canular ou, au mieux, on l'a trouvé inactuel. Je crois comprendre ce désintérêt : tout comme d'autres éléments capitaux du « milieu » (l'esthétique de l'intérieur, le rituel des repas quotidiens, la marche à pied, etc.), la mode masculine fait partie de ce qu'on appelle « l'expérience indistincte », une expérience ininterrompue et plus ou moins neutralisée, que les modernes assimilent peu à peu, inconsciemment, et dont ils ne peuvent jamais se débarrasser.

Ce qui intéresse au premier chef les modernes, c'est incontestablement l'expérience. C'est-à-dire la réalisation de synthèses toujours nouvelles, inédites; la découverte de vérités, de voluptés ou de déceptions inouïes; bref, la surprise, l'hétérogénéité, l'unicité. Il est évident que le bonheur authentique dépend lui aussi de ce genre d'expérience et que le progrès quel qu'il soit – émotionnel, intellectuel, esthétique, éthique – ne peut être obtenu que par ce genre de nouvelles synthèses. Celles-ci engagent toujours un élément essentiel de la personnalité humaine et sont le plus souvent accompagnées d'une pleine lucidité ou, à tout le moins, d'une *présence*.

Il n'en est pas moins vrai qu'une bonne part de notre existence se consume dans une expérience indistincte. Dont ne dépend certes pas notre bonheur, mais dont dépend l'indiscutable *bien-être** nécessaire au travail comme à la contemplation. Il est très rare que nous expérimentions ou pensions de notre plein gré. Mais des expériences sont faites *sans cesse* à notre compte et leurs résultats dirigent notre pensée à notre insu. Ce que je dis là sera difficilement compris par un cérébral austère, mais le sera parfaitement par un artiste, par un homme de théâtre, par quiconque croit à l'influence capitale du décor sur l'émotion et la création.

Nous ne pouvons jamais nous émanciper de cet « indistinct » parce que nous ne pouvons jamais nous émanciper du milieu; pas du milieu social en général, mais des moindres détails physiques (la lumière, sa filtration par les vitres, la géométrie d'une chambre, l'harmonie des meubles, les bruits, les couleurs, les idiosyncrasies de la rue, etc.). Ce qui m'étonne le plus chez l'Occidental moderne, c'est qu'il se désintéresse de « l'indistinct », du décor viable, de la « personnalisation » du milieu. Je le comprendrais venant d'un homme spirituel ou d'un mystique ou d'un amoureux, que leur soif d'absolu isole et immunise au sein de l'expérience indistincte. Mais je ne le comprends pas venant d'un homme temporel qui s'oriente vers des structures horizontales. Au contraire, le moderne – malgré lui, bien sûr – a tellement perdu la communion avec le décor qu'il l'a ôté de « l'indistinct » et qu'il le cherche au cinéma, à la radio, dans les romans. Très rares sont les modernes qui se sont composé un décor assez personnel pour le transformer en milieu, un décor dans lequel ils se perdent, se confondent sans rencontrer la résistance et la surprise de « l'expérience » et qui pourtant les influence indistinctement en confortant leur *bien-être**, en activant le jeu de leur intelligence, en intensifiant leurs voluptés. C'est pourquoi un nombre effrayant de gens souffrent chroniquement de neurasthénie ou de placidité, d'inertie intellectuelle ou d'idiosyncrasies morbides – dues à leur conflit subconscient et permanent avec le milieu cosmique –, ainsi que de contemplation, de rêverie lucide et de la peur de la solitude.

La vie moderne pourrait être beaucoup plus pleine, harmonieuse et féconde, en deux mots elle mériterait davantage d'être vécue si les gens essayaient d'organiser leur expérience indistincte. L'expérience pure et simple – c'est-à-dire l'aventure visant à l'inédit – a été mise en avant dans tous les secteurs de l'activité humaine moderne. Elle a influencé la philosophie et l'éthique et les arts. Ce qui rend d'autant plus étrange le désintérêt envers tout ce qui constitue notre milieu personnel permanent. Les réalisations de l'architecture moderne, par exemple, ne sont pas encore assimilées ; elles restent extérieures, un décor formel ou fantaisiste, comme l'est encore, de son côté, le cinéma.

« La réforme » des éléments qui nourrissent l'expérience indistincte signifie une amélioration complète de la vie psychique ; les preuves dans ce sens abondent. Le garçon qui abandonne la chemise de nuit pour le pyjama découvre des joies inconnues : il peut déambuler d'une façon décente et confortable dans sa chambre, fumer affalé dans un fauteuil, lire les journaux autrement qu'il ne le faisait en chemise de nuit. Le jeune homme en costume de tennis n'est jamais triste, ni déprimé, ni renfrogné. Une nouvelle chemise sans col le rend généreux. Une chambre propre et lumineuse, avec une table de travail sobre et engageante, le rend heureux. Il est si simple de l'être si l'on sait trier et organiser son expérience indistincte. C'est une sorte de magie, une harmonie de couleurs, de lignes et de formes, dont on est le seul à garder le secret, où l'on est le seul à pouvoir demeurer sans se sentir étranger. Un comédien qui joue tous les soirs dans un autre « milieu » vous dira si tous les éléments qui composent ensemble le décor ont ou non une influence décisive. C'est le seul cas où la dynamique psychique change complètement sans que l'individu en souffre ou même le remarque.

Dans certains climats culturels, le décor a toujours été indispensable, mais pas comme élément extérieur : il s'incorporait dans une expérience indistincte. Ainsi en Orient, où la vie d'intérieur connaît des profondeurs et des tranquillités que les Européens ne soupçonnent pas, où le geste le plus banal (par exemple, la démarche des jeunes filles indiennes dans la maison, démarche qui change selon qu'elles sont seules ou avec leur mère, avec leur père, avec un étranger, avec un vieillard, etc.) devient un cérémonial. Sans parler de la vie d'intérieur des Japonais dont tous ceux qui l'ont connue de près disent qu'elle est une série ininterrompue d'émotions, dues aux kimonos à valeurs symboliques, au rituel des repas, du thé, etc.

Je trouve significative à cet égard la résistance des Européens, surtout des Anglo-Saxons, au décor envisagé comme une expérience indistincte et non comme quelque chose à montrer, *a show.* Lorsqu'ils s'établissent en Orient, au lieu d'emprunter le seul élément qui puisse l'être, le décor, ils conservent leurs manies occidentales les plus mornes et incommodes. A Darjeeling, en pleine architecture népalaise, on voit d'affreux hôtels européens, avec des salles à manger comme à Birmingham, de hauts étages et des fenêtres étroites, des couloirs en guise de terrasses, le tout peint en couleurs ternes. Dans le sud de l'Inde, au Bangalore, on trouve dans la flore tropicale des châteaux anglais de style John Company, avec des parcs géométriques, des allées de gravier, des tonnelles et des donjons. C'est à hurler.

Les Anglais sont prodigieux à cet égard. Ils tiennent à leurs coutumes et à leur ambiance non parce qu'elles seraient pour eux une expérience indistincte, mais parce qu'elles se confondent avec la tradition. Ils observent un formalisme atroce, ils boivent du thé l'après-midi (bien qu'il fasse plus de cent degrés Fahrenheit), ils dînent en smoking (même s'ils sont seuls dans une plantation perdue), ils portent le faux col dans la rue à Calcutta, etc. L'idée du prestige et un admirable esprit de solidarité avec la Grande-Bretagne leur dictent ce comportement. Et ils mènent une vie insupportable, ils deviennent neurasthéniques, ils se bourrent de whisky et de tabac, ils maudissent l'Asie.

Je ne pense pas exagérer en affirmant que le malentendu Orient-Occident est dû en grande partie au fait que les Occidentaux sont incapables d'apprécier l'élément cérémoniel et décoratif de la vie orientale. De nombreux Européens intelligents que j'ai connus ne peuvent pas comprendre pourquoi les Orientaux sont si heureux, pourquoi ils mènent une vie plus pleine et plus dense, pourquoi ils jouissent plus du soleil et des oiseaux, pourquoi ils sont plus proches de la nature, malgré leurs défauts, malgré l'ignorance, la paresse et les maladies.

Rien ne peut amplifier la joie de vivre, d'être vivant parmi d'autres hommes vivants, autant que la transformation de l'existence brute, inerte et obscure en une magnifique série de cérémonials et de décors. La vie mentale et affective acquiert de nouvelles virtualités, de nouvelles antennes. L'âme devient le vase élu dans lequel la création et le Créateur déversent des merveilles.

... Voilà pourquoi la mode masculine n'est pas une question inactuelle ni une occupation frivole, contrairement à ce que tant de personnes se sont empressées de prétendre.

SEXE

Je me demande pourquoi les modernes se réjouissent chaque fois qu'ils déchiffrent le sexe dans un symbole ou une cérémonie antique. La recherche, habile et surprenante, de toutes les implications sexuelles dans la religion, les arts, les institutions des anciennes civilisations est presque une manie, qui sombre quelquefois dans le ridicule. Par exemple, quand elle ne voit dans toute l'architecture asiatique et méditerranéenne que des symboles des organes de reproduction (pensez à l'interprétation de la mosquée par l'école de Vienne ou à celle de l'architectonique égéenne par Maurizius Hirschfeld).

Je n'essaye pas de nier la présence évidente et directe du sexe dans de très nombreux actes religieux, civils et artistiques des civilisations qui ont précédé la nôtre et qui ont d'ailleurs servi de terreau à ses racines, nourrissant pendant longtemps sa vision du monde et de la vie. Mais je pense que c'est un anachronisme et un manque de perspicacité désolant que de confondre la valeur et la fonction du sexe à ces époques et dans ces zones culturelles lointaines avec la morale sexuelle de notre siècle ou avec la fonction sexuelle telle qu'elle est réglementée dans notre civilisation chrétienne. Nous jugeons selon nos émotions et nos critères, surtout selon nos superstitions, nous croyons que dans les temps anciens les hommes étaient lubriques, que leurs religions étaient orgiaques et leur vie civile libertine, simplement parce que nous y rencontrons partout le sexe et les symboles sexuels. Cette opacité dans la compréhension et la justification d'autres zones culturelles que la nôtre est vraiment déprimante. Parce qu'ils se révoltent contre le rigorisme de la vie chrétienne, certains d'entre nous retournent leurs regards vers la Grèce et exaltent ses libertés, parlent de ses orgies religieuses et du relâchement de ses mœurs comme si les Hellènes avaient été aussi obsédés par les problèmes sexuels et intoxiqués par les voluptés refoulées que nos contemporains. Les modernes vantent la Grèce, le Proche-Orient, l'Asie, etc., parce qu'ils croient y trouver ce qui leur manque ici : le libertinage, des mœurs dissolues, des voluptés, etc. Mais ces mêmes aires culturelles sont condamnées par d'autres modernes parce que l'autonomie et la primauté qu'y avait parfois le sexe blessent leurs beaux sentiments et l'orgueil de leur civilisation et de leur morale.

On ne comprend pas quelque chose d'essentiel : la relativité des valeurs de la fonction sexuelle. Au fond, celle-ci était et reste neutre; chaque civilisation lui attribue sa propre *Weltanschauung.* Si le sexe et le symbolisme sexuel dominent, cela ne signifie pas qu'il y ait une plus grande liberté sexuelle, car cette notion appartient à notre problématique, elle est articulée par notre civilisation, et aucun indice ne nous permet de penser que d'autres cultures la connaissent. Nous n'avons aucune raison de croire que la présence des symboles sexuels y exerce sur la conscience autant d'émotion que sur la nôtre. Il suffit d'un peu de formation historique et de perspicacité pour comprendre que de nombreux peuples ne sont pas troublés comme les Européens par les suggestions sexuelles (plastiques ou littéraires). L'érotisme des *Mille et Une Nuits* peut exciter un André Gide, mais il « délecte » un Oriental, c'est-à-dire qu'il éveille en lui la même émotion sereine que le printemps, l'abondance, la jeunesse, la richesse; c'est seulement un trop-plein, un ravissement de son être, et non le trouble physiologique, la lutte libidineuse du moderne. Lorsqu'elles touchent le symbole génital de Śiva, les vierges indiennes sont parfaitement conscientes de sa fonction. Mais elles n'y voient rien d'érotique ou d'humain, rien qui soit une tentation ou une obsession sexuelle; elles y voient simplement ce qui est essentiel : la force créatrice, génératrice de vie.

C'est un détail sur lequel il faut insister. La plupart des peuples et des civilisations n'ont pas vu dans le sexe ce qu'y voient les Européens – une source de volupté et un problème moral –, mais seulement sa fonction fondamentale : la procréation. C'est pourquoi ils l'ont intégré naturellement parmi les grandes racines de la vie, à côté de la soif et de la faim, et l'ont impliqué, réellement ou allégoriquement, partout où il était question de vie, d'énergie vitale, de création, de régénération. De *la génération* à *la régénération,* il n'y a qu'un pas. Les peuples à mentalité réaliste (notamment les Grecs) l'ont franchi; car comment symboliser plus précisément *la seconde naissance,* la naissance à la vie spirituelle, libre et béatifique, que par la fonction de la première, la naissance du corps?

Que nous rencontrions le sexe dans la religion ne doit pas nous scandaliser, ni nous faire croire que l'origine de toutes les religions est inférieure, qu'elles sont issues d'un complexe, d'un *tabou.* Qui pense ainsi prouve qu'il ne comprend ni le sexe ni la religion.

Toutes les religions ont eu pour fondement *la régénération* de l'homme, son harmonisation avec le milieu cosmique ou le Créateur, et cette expérience de « la seconde naissance » ne pouvait être mieux expliquée que par le sexe, tout comme la philosophie est illustrée par « *la soif* de connaissance » et l'évolution civile par « *la faim* de liberté ». Ce sont les fonctions nourricières de l'humanité et de l'esprit à la fois. Le sexe n'a rien d'impur, de peccamineux ni d'obscur ; les peuples qui ont illustré par un symbole sexuel l'union avec la divinité ont simplement fait preuve de *réalisme.*

Dans la civilisation européenne, le sexe a été altéré, rendu cérébral. Mais il serait totalement erroné de croire, à partir de là, que partout où l'on rencontre le symbolisme ou le réalisme sexuel, on rencontre aussi la problématique (il faudrait dire la casuistique) de la morale sexuelle moderne. Les exhibitions sexuelles des deux premières nuits à Éleusis gênent péniblement les savants d'aujourd'hui quand ils doivent les décrire. Je me souviens, à propos des mystères d'Éleusis, de la gêne de P. Foucart et de la satisfaction du père Lagrange quant à l'épisode de Baubo, qui comporte les plus obscènes exhibitions de *khoïlia* et de phallus. Il n'y avait pourtant rien de plus naturel, de plus pur et exaltant pour la conscience de celui qui se préparait à l'*epopteia* de la deuxième nuit. Mais pour nous, surmenés par la sexualité cérébrale, il n'y a là qu'orgies et bacchanales. Nous sommes devenus tellement opaques que nous ne comprenons même pas *l'histoire* d'un fait ou d'un symbole sexuel ; par exemple, nous ne comprenons pas que l'épisode de Baubo avait pu être, avant Éleusis, un rituel agraire, et plus tard, à l'époque alexandrine, un prétexte à divertissement pour les sceptiques. Nous voyons le sexe pêle-mêle et, quand ils se décident à le chercher dans l'histoire de l'humanité, nos savants le trouvent partout, sans différenciation, sans préciser où il était une incitation à la débauche (s'il l'était) et ou une fonction naturelle.

Les récentes investigations psychologiques et pseudopsychologiques sur le sexe dans la culture n'apportent presque rien de réel. Parce que leur point de départ est faux : le sexe aurait toujours été jugé impur et on le combattrait depuis des millénaires. On oublie qu'une seule chose impressionnait les hommes avant Socrate (et les impressionne aujourd'hui encore dans d'autres cultures) : *la création,* la vie, le rythme vital. Et que tout ce qui se rattache à la création – comme à sa réciproque spirituelle, *la régénération* – ne pouvait être que prôné, loué et illustré.

LE ROMAN POLICIER

Je suis un observateur passionné et opiniâtre de la psychologie des lecteurs, qu'ils soient de Roumanie ou d'ailleurs. Car rien ne dévoile mieux *ce que voudrait être* quelqu'un que les livres qu'il cherche et lit. Et, évidemment, ce qu'il voudrait être est beaucoup plus éloquent que ce qu'il est.

Le désintérêt d'un « certain public » envers les romans policiers me semble donc étrange. Une enquête sommaire dans les librairies vous convaincra, si ce n'est déjà fait, qu'on vend Pittigrilli et Dekobra plus qu'Edgar Wallace. Il en va de même en Italie et en France, où la littérature érotique et sentimentale a toujours été préférée à la littérature policière et d'aventures. En Roumanie, le roman policier a les faveurs des lycéens du cours inférieur et de certains employés (en particulier les employés de banque). Les lycéens du cours supérieur découvrent le roman sentimental, auquel ils s'arrêtent pour le reste de leur vie (je ne parle pas des élites). Quant aux gens qui n'ont pas fait d'études secondaires, ils s'abreuvent de romans-feuilletons, qui ne sont qu'une forme inférieure et impure du roman sentimental.

Ceci devrait faire réfléchir. Le mépris des élites pour le roman policier est assez grave. Car, s'il est écrit par une grande plume, comme Edgar Wallace, Sapper ou Leroux, il est incontestablement préférable au roman érotique et sentimental qui soulève l'enthousiasme des foules. Le roman policier est toujours une lecture réconfortante, stimulante et pure. Et surtout morale : les criminels sont arrêtés, les escrocs se suicident et le détective se fiance. C'est le seul genre de roman où la morale n'agace pas, parce qu'il est fantastique et logique; or, vous l'avez peut-être remarqué, il y a dans les jeux (illusoires) de la fantaisie débridée (c'est-à-dire tout à fait logique) une pureté morale paradisiaque. Lorsque quelqu'un rêve éveillé, il n'imagine jamais être un criminel, un truand, un satyre; il imagine être un héros, un bienfaiteur, un détective, un mécène. Le rêve éveillé – quand on marche dans la rue, quand on se repose en fumant une cigarette – est un moment de logique et de pureté, à ne pas confondre avec les misères sexuelles et névrotiques dont l'école de Vienne fait si grand cas.

Le peu de succès dont jouit le roman policier auprès des lecteurs roumains prouve autre chose aussi : leur peu de sérieux. Un homme qui croit réellement à quelque chose, qui travaille dur, qui est préoccupé toute la journée par un problème sérieux, responsable, ne peut pas lire ce que lisent en général les Roumains : une littérature sentimentale, vulgaire, cosmopolite et érotique. Il a besoin d'un divertissement pur, gratuit, inutile et agréable comme une conversation entre deux femmes sottes. Il ne peut pas lire un roman ayant une psychologie de dixième ordre, des héros vulgaires (en fait, de pitoyables mannequins qu'on *veut* faire passer pour des héros), une problématique ridicule (cherchez la femme), de « la poésie » et de « l'analyse » inutiles. Cette littérature vulgaire peut satisfaire une midinette, un étudiant en droit ou un employé, autant de gens qui travaillent, c'est vrai, mais pas avec acharnement, de façon responsable, en espérant une grande victoire; ils travaillent pour ne pas mourir de faim et leur idéal est de tirer au flanc, quitte à s'ennuyer mortellement, des heures d'affilée, à ne rien faire.

Pour ces lecteurs-là, il n'y a évidemment rien de mieux que le roman d'amour : il flatte leur goût et récompense leur effort (l'effort minimum qui, après coup, les rend si fiers de leur intelligence qu'ils attribuent du génie à l'auteur).

Tandis qu'un homme qui travaille comme il faut va voir un film ou lit un roman policier à ses moments de loisirs. Il ne demande au livre ni drame, ni analyse psychologique, ni poésie. Il veut un récit bien raconté, qui le délasse et retienne son attention jusqu'au bout. J'ai connu au moins une demi-douzaine de grands hommes, des savants de renommée universelle, qui presque tous les jours, après leur travail, lisaient un roman policier. Et s'il était mal écrit, abruptement, ils le savouraient d'autant plus. McTaggart, le célèbre philosophe anglais, en avait tellement lu qu'il était devenu une autorité en la matière à Cambridge. Il se souvenait dans le détail de tous les crimes, de tous les trucs des détectives, de tous les scénarios des drames, lui qui avait passé sa vie à étudier la logique de Hegel et qui était l'un des penseurs les plus lucides de son temps.

Il est intéressant d'analyser les causes du succès du roman policier chez les Anglo-Saxons. Ils ont tellement perfectionné ce genre qu'ils réalisent parfois d'authentiques chefs-d'œuvre. Le roman devient une narration pure, sans scories et sans stylisme, avec des personnages admirables, vivants et cohérents, avec une intrigue dévoilée de main de maître. A la place d'une histoire de héros et de dragons, on a une histoire de criminels et de détectives. Mais c'est toujours le combat du bien contre le mal, source éternelle du fantastique. C'est toujours la longue suite d'aventures, d'« épreuves », que l'on trouve dans *Amour et Psyché,* dans *l'Ane d'or,* dans *Don Quichotte.* Après avoir subi une triste série de changements (le roman post-chevaleresque, le roman mystérieux, lugubre, le roman-feuilleton, chargé, prolixe, fade, factice, le roman de cow-boys, le roman historique, le roman spiritiste), voilà que le roman d'aventures revient à sa mission originelle : conter l'extraordinaire et l'inattendu sans prétendre émouvoir ou amuser le lecteur autrement que par le sujet, par la narration pure qui repose et ravit, d'autant plus qu'on oublie le livre dès qu'on le referme.

On comprendra aisément que les Anglo-Saxons aient une préférence pour ce genre de littérature. Ce sont des gens qui travaillent beaucoup, avec acharnement, avec un idéal. Pour eux, quand la vie n'est pas un combat, elle est au moins un fondement, une charpente dont chacun est responsable. Alors, quand ils veulent s'amuser, ils ne prennent pas un livre médiocre ou mauvais. C'est à peine si leurs femmes le font. Eux, ils préfèrent le roman policier pur, entraînant et réconfortant. Ils veulent rêver pour de bon, oublier leur travail, les difficultés de la vie et les comptes qu'ils auront à rendre un jour. Le lecteur de romans policiers est un individu moral, presque un puritain.

Je m'inquiète donc de ce que les Roumains n'en lisent guère. C'est une preuve de paresse intellectuelle, de langueur, de féminité. Et je comprends pourquoi les lycéens sont les seuls à en lire : ils sont aussi les seuls à avoir, en bloc, une responsabilité quotidiennement contrôlée; les seuls à travailler, ou à devoir travailler, régulièrement; les seuls dont l'âge permet au rêve de transgresser les normes. Mais j'ai peur de comprendre pourquoi le grand public préfère Pittigrilli et Dekobra à Edgar Wallace. Car il me faudrait dire qu'il est paresseux, dissipé, sans but ni responsabilité, vide et pauvre d'esprit. Quant à la littérature qu'il lit – et qu'il ne lit pas comme un amusement, mais comme *de la bonne littérature* –, elle remplit les trous de son âme de psychologie de quatre sous, d'idylles idiotes, de vices inutiles, d'idéologie, de poésie, de fausse médecine. Au lieu de s'amuser pendant deux heures avec un roman policier, comme le font les Anglais, il lit pendant quatre heures et discute pendant quarante autres un livre médiocre qu'il tient ensuite pour son guide dans la vie et dans les arts. Si au moins il oubliait ce qu'il a lu. Mais on n'oublie que les livres excellents ou exécrables, jamais les livres médiocres.

DE CERTAINS CÉLIBATAIRES

Dans l'épilogue de *Pygmalion,* Bernard Shaw suggère – explication très intéressante à propos des célibataires intellectuels – que les hommes dont l'enfance et l'adolescence ont été bercées par une mère instruite, aimante et compréhensive tombent rarement dans les rets du mariage. Car une mère instruite implique une maison de bon goût, une vie familiale de choix où règnent la sympathie, une éducation harmonieuse, sans pédagogie, sans punitions vulgaires. S'étant développé dans un tel milieu, intériorisé et confortable, le jeune homme est rendu attentif à un problème d'une importance capitale : ne pas confondre la femme et le sexe, une atmosphère d'amitié féminine et une liaison sentimentale-sexuelle, comme le font la plupart des jeunes gens qui n'ont pas eu la chance d'avoir une mère instruite et une vie de famille harmonieuse et élevée.

J'ignore si cette remarque s'applique aussi bien à la société roumaine qu'elle s'applique, selon Shaw, à la société britannique, toujours est-il qu'elle est indubitablement juste comme intuition et comme raisonnement.

En effet, les jeunes gens prennent une épouse surtout pour échapper à la vie qu'ils connaissent sous le toit de leurs parents, une vie tourmentée, pénible, marquée tous les jours par des disputes, par des « scènes ». Pour la plupart, ils ne peuvent pas s'émanciper tout seuls, ils ne peuvent pas trouver dans une autonomie complète le bonheur et le confort auxquels ils aspirent. Ils confondent la vie sexuelle et la vie confortable, sereine, de camaraderie, qu'ils croient que sera le mariage. En réalité, un jeune homme ignorant ce que signifie la vie d'intérieur, c'est-à-dire n'ayant pas une mère instruite, ne distingue pas le noble instinct sexuel – qui lui demande d'avoir une compagne de plaisirs – de l'instinct, bien plus complexe, de l'harmonie intérieure. Ne connaissant pas d'autre vie de famille que celle qu'il a menée avec ses parents, il est prêt à accueillir une jeune fille (qui ne pourra assouvir que son instinct fondamental) pour en faire sa partenaire dans la vie d'intérieur, qui est d'une grande élévation.

Il en va tout autrement du jeune homme heureux. Distinguant ses besoins sexuels de la nécessité d'une harmonie et d'une camaraderie conjugales, il reste célibataire, il s'offre des liaisons et des aventures, mais il garde son indépendance chez lui. Il ne peut pas être séduit par les appas de n'importe quelle jeune fille parce qu'il sait qu'elle cache, derrière sa superbe vie sexuelle, le vide, l'inertie, l'opacité, la turpitude. Or, un jeune homme ayant une certaine densité intérieure ne risque jamais sa liberté et la tranquillité de toute une vie pour une simple expérience sexuelle. Surtout depuis que la clémence de notre époque a écarté en la matière les rigueurs de la responsabilité.

Dans un certain sens, ce qui arrive aux autres jeunes gens est triste. Ils auront toujours à l'égard des femmes une attitude confuse, sans perspectives ni nuances. Faisant preuve d'une disponibilité conjugale permanente, ils couveront la femme d'un regard sexuel et sentimental, c'est-à-dire possessif. Ils ne pourront faire la connaissance d'une jolie fille sans déclencher un jeu mental – d'imagination ou de tactique – à orientation sexuelle. Quel que soit le nombre de femmes qu'ils connaîtront et auront, ils verront en elles un seul type féminin (ou une seule facette de la féminité) : l'épouse, la femme sur laquelle ils ont des droits légaux. La camarade, l'amie, la partenaire, la maîtresse, l'experte ou l'apprentie (en amour) leur sont inaccessibles.

Ce qui place indiscutablement le célibataire au-dessus des autres hommes, c'est qu'il peut apprécier directement les femmes de tout genre et, surtout, de tout âge. Son équilibre sexuel étant fixé d'une façon ou d'une autre, il est libre de se lier d'amitié avec n'importe quel genre de femme et d'en profiter sur le plan de l'esprit. Peu lui importent la jeunesse, le sex-appeal, la beauté, le luxe. Il est l'un des rares privilégiés qui peuvent savourer l'amitié d'un laideron, la conversation d'une vieille fille, la sagesse d'une femme mûre, l'optimisme réconfortant d'une sexagénaire. Au bout d'un certain temps, il réussit à canaliser si parfaitement sa vie sexuelle qu'il ne tient plus compte, dans ses rapports avec les femmes, de certaines superstitions que la tragédie sexuelle conserve depuis des millénaires. Il est véritablement un homme libre, il a une vie mentale équilibrée et saine, sans refoulements, sans conflits. Car, dans son cas, la puissante attirance exercée par les femmes (et qui, chez la plupart des hommes, agit d'une manière indifférenciée, en bloc, sur tous les plans en même temps) est dissociée, distribuée diversement, selon les nombreux angles sous lesquels elle est envisagée. Les hommes qui confondent le sexe et la femme sont rongés par d'éternelles envies de possession, ils sont inquiets et leurs multiples expériences se révèlent vaines. Pour eux, chaque femme évoque l'acte sexuel, même si elle leur a plu d'abord pour son intelligence ou sa bonté ou son pittoresque.

Évidemment, cette confusion entre le sexe et la

femme ne plonge pas ses racines uniquement dans l'absence (ou dans la bassesse) d'une vie de famille pendant l'enfance, comme le croit Shaw. Elle appartient à une certaine structure masculine sentimentale et vulgaire. Elle est commune au banlieusard et à l'intellectuel, ni l'un ni l'autre ne parvenant à surmonter une certaine vulgarité : sentimentale dans leurs rapports avec les femmes (vous connaissez le couplet : l'amour éternel, les femmes sont toutes les mêmes, un seul amour, ne faites pas confiance aux femmes, bouscule-la puisqu'elle aime ça, etc.). Les hommes de ce genre sont en général les seuls à avoir une idée bien arrêtée sur l'amour et sur les femmes, ils prétendent les connaître et ils « philosophent » à leur propos.

Il faut exclure de ce synopsis les fidèles indéfectibles, les caractères isolés, dantesques, qui cherchent et vivent l'absolu dans un seul amour. Jadis, le mariage chrétien aboutissait ainsi à des liens absolus, éternels, uniques. L'homme et la femme étaient liés par un mystère, en vertu d'une union surnaturelle et durable. Pour des raisons qui ne sont que trop connues, ce genre de liens est devenu rarissime aujourd'hui. Il n'y a plus autour de nous que deux grandes catégories : les conjugables *(sic)* et les célibataires, qui correspondent aux deux vastes et importantes structures.

LES FEMMES SUPÉRIEURES

Il y a une médiocrité des sommets de l'esprit. Quelque chose d'irrémédiablement médiocre et vulgaire dans ce qui, à première vue, paraît extraordinaire, profond, plein de personnalité. Rien ne m'écœure davantage, par exemple, que le spectacle d'une femme « supérieure », une de ces femmes qui impressionnent par la variété de leurs tropismes, par leur dynamisme, par leur éclat, par leur océanographie passionnelle; elles se veulent complexes, magnifiques, du champagne pétillant de mystères, de possibilités, d'impulsions, de dangers. On en voit circuler dans la littérature et la vie, conscientes de s'être élevées sur des cimes, fières de déclencher des passions. Je ne dis pas qu'elles ne font toutes que jouer un rôle. Certaines sont probablement arrivées là mues par une expérience organique, par une vraie soif de supériorité, par je ne sais quel désir de connaissance. Néanmoins, les résultats sont pitoyables et la médiocrité d'autant plus impressionnante qu'on la découvre dans une structure qui croit la survoler.

Vous connaissez les femmes russes, vous les connaissez certainement; le génie slave, les profondeurs de l'âme et ainsi de suite. C'est un aspect seulement de la femme « supérieure », son aspect tellurique, barbare, de femme des vastes étendues, de la danse, du crime, de la prostitution, du christianisme slave. Il y a un *type* de femmes qui sont ainsi, et il est médiocre parce qu'il se veut « original », au-dessus des femmes ordinaires, des mères et des épouses anonymes, avec leurs passions gardées sous le boisseau, avec leurs douleurs sans gestes, leurs petites joies, leur vie de chien, leur sort d'esclave.

Je ne prétends pas que les femmes « supérieures » ne puissent pas être intéressantes, décoratives, reposantes. Mais elles sont médiocres, quelles que soient l'intensité et la sincérité de leur vie. Elles le sont parce qu'elles visent à un *type* que la littérature et le snobisme ont galvaudé, que l'imagination a vulgarisé, un type bon pour les rêves d'adolescents, pour le cinéma ou le roman. Elles ne comprennent pas que le type qu'elles incarnent est d'une réelle mesquinerie aux yeux d'un homme digne de ce nom, qui n'est pas sans connaître la vie et les livres. D'une mesquinerie exaspérante. On y retrouve tous les personnages de la littérature universelle, toutes les sommités et toutes les originales, tout le pseudo-génie et le pseudo-mysticisme des héroïnes livresques. Sans l'avoir voulu, elles échouent dans ce genre de personnage, laissant une pénible impression de factice, d'arbitraire, de sécheresse, de vide.

Se vouloir au-dessus des autres, différentes même dans les nuances, et vouloir que cette différence soit unanimement reconnue, voilà un signe d'inconscience, de désastreuse médiocrité. C'est la traduction permanente, dans les gestes et dans la pensée, d'une chose qui, si elle existait réellement, n'aurait besoin d'aucune traduction. Je ne chercherai pas des femmes véritablement supérieures parmi ces espèces « fabriquées », je les chercherai dans le marécage quotidien de la féminité, dans les maisons ordinaires, dans les banlieues, dans les villages, dans les vieilles métairies. Là, je découvrirai peut-être, après des années de recherche, d'admirables femmes qui ne seront ni des prostituées ni des saintes, qui ne seront ni raffinées ni intelligentes, ni douces ni farouches. Des femmes qui ne diront jamais : « Je bois ma vie jusqu'à la dernière goutte! » Qui ne désireront pas des « expériences », qui ne liront pas les Évangiles comme dans Dostoïevski, qui ne s'humilieront pas, n'auront pas un sourire séraphique, ne feront pas de bien à leur prochain, et ne lui feront pas de mal non plus. Elles vivront presque sans spasmes, personne ne connaîtra leur tragédie, même pas elles. Elles auront des péchés et des vertus selon la miséricorde de Dieu ou au gré des circonstances.

Ce qui me répugne chez les Russes, c'est qu'ils ont fait des *types* de ce qui aurait dû rester anonyme, c'est qu'ils ont crié sur les toits des barbaries et des bêtises qu'ils croyaient « profondément humaines » parce qu'elles choquaient et désorientaient. Ces gens qui massacrent tout un village par caprice (parce qu'ils se sont enivrés) et qui baisent ensuite en pleurant les pieds des orphelins... Ces horreurs slaves ont été vantées comme si elles étaient « profondément humaines ». Pourquoi? Parce que leur barbarie déclenchait des torrents de pitié, transformait l'émotion en hystérie et assimilait le jugement à la démence. Certes, la barbarie aussi offre une « expérience ». Mais devons-nous aller si loin pour recueillir un peu de vérité humaine, pour ouvrir un cadenas de l'âme? Pouvons-nous créer un *type* à partir de cette masse d'instincts?

Chaque civilisé porte en lui un barbare, un Russe. Mais il lui suffit d'un peu de décence et d'humanité pour ne pas commettre les horreurs ni vivre dans le chaos que prônent les Russes (je parle des Russes en tant que types psychologiques, des Russes des romans russes et de ceux de l'éternelle Russie). Or, ce sont précisément ces horreurs qui ont été considérées comme des preuves de leur « vivre », de leur « profonde humanité », etc. Et on les a érigées en *types,* on les a justifiées, illustrées, imitées.

Les femmes « supérieures » s'assignent généralement un « type », qu'il soit russe, espagnol ou oriental. Je n'ai traité ici que du *type* russe, pour montrer qu'il manque d'originalité, que son exubérance clinquante et sa magnificence sonore sont des plus médiocres. J'aurais pu aborder d'autres types de femmes. Par exemple, la sensuelle, la cabotine érotique, celle qui se croit destinée à connaître la vie en passant par un maximum de lits; ou la femme inspirée, celle qui s'agrippe aux gens pour leur indiquer leur voie, celle qui se sacrifie, celle qui renonce; ou l'intellectuelle, « déçue par la monotonie du monde et l'insuffisance des vérités scientifiques »; ou la femme fatale, et ainsi de suite.

Ce sont là autant de *types,* des formules, des synthèses bovarystes, des réactions fausses, vides. Leurs âmes sont médiocres parce qu'elles empruntent des équations à une algèbre qui les attire du fait même qu'elles ne la comprennent pas; parce que, à supposer que leur propre expérience leur permettrait de réaliser un tel *type,* il est déjà connu et banal, il ne possède plus rien d'exclusif, d'inédit, de personnel.

Pauvres femmes « supérieures »! Que la médiocrité est cruelle sur les sommets, quand on se découvre inutile et vide, ratée et superficielle, rien qu'un *type*! Ces femmes-là n'ont pas compris que *le type de la femme supérieure* déplaît organiquement à certains hommes, les seuls qui comptent (car les autres, la majorité, dépassent en médiocrité même les femmes).

OCÉANOGRAPHIE

Nos contemporains ont commencé à se débarrasser de leur admiration pour les Russes, dont les beuveries et les passions n'impressionnent plus personne. Le tour des femmes « supérieures » viendra-t-il bientôt?

LES HOMMES SUPÉRIEURS

Pour éviter un éventuel malentendu, je précise tout de suite que je suis certain, comme tout le monde, de l'existence réelle des hommes supérieurs. Je ne doute pas que bon nombre d'entre eux passent par les mêmes rues que moi, voient les mêmes spectacles, lisent les mêmes livres et perdent leur temps aussi bêtement que moi. Je présume que personne ne conteste leur réalité et leur actualité. Ce qu'on peut en dire, c'est en premier lieu qu'ils sont les hommes les moins intéressants de toutes les espèces que connaît la civilisation moderne. Chez un médiocre, un raté, un imbécile, un pécheur, on devine toujours, au minimum, un drame ou une plaie mal refermée, une surprenante lueur d'humanité ou un geste révélateur. On devine en tout cas quelque chose de vivant, quelque chose qui naît ou qui meurt. L'homme supérieur, au contraire, tend sans cesse à incarner un *type*; et le sien est l'un des plus désagréables parmi ceux que connaît la culture.

Les hommes supérieurs sont également inintéressants et fatigants d'un autre point de vue. Ils sont d'éternels « incompris » et ils ne manquent pas une occasion de vous le montrer. Pourtant, être compris ou non est strictement sans importance. S'affirmer publiquement, coller à l'actualité n'est nécessaire et décisif que pour quelqu'un qui vit, crée et progresse par la stimulation, le conflit, la promotion. Certaines gens éprouvent le besoin permanent de passer des examens, de recevoir des félicitations, de surmonter des obstacles. Rien à redire à cela. Ce qui est ennuyeux, c'est l'espèce des hommes « incompris », des hommes supérieurs. Ils soulignent sans cesse tout ce qu'ils font, tout ce qu'ils pensent, tout ce qu'ils écrivent. Ils ont l'impression que tout mérite d'être retenu dans leur activité et leur pensée. Croyant toujours que les autres ne peuvent pas les comprendre, ils soulignent, expliquent, suggèrent. Et finalement ils échouent dans l'espèce des penseurs à majuscule, des penseurs sentencieux, des auteurs de paradoxes et de truismes.

Le plus déprimant, dans le spectacle offert par l'homme « incompris » : son manque total d'originalité. Il se croit extrêmement original et inédit, profond et hermétique, alors qu'il appartient en réalité à l'espèce la plus commune depuis le romantisme : au *type* « incompris ». Soyons clairs : il ne s'agit pas des distances et des difficultés de communication intellectuelle entre les hommes; elles sont naturelles, surtout dans une société en cours de développement, et elles existent d'ailleurs depuis toujours. Je pense, moi, au *type d'homme* qui se dit « incompris », à l'homme supérieur conscient de sa supériorité et faisant tout son possible pour l'afficher. Imbu de la richesse de sa vie intérieure et de son âme incomprise, il la souligne partout, par son hostilité à l'égard de la société, dont il s'écarte, par son ton dur ou triste, par son vocabulaire « original », par sa pensée sentencieuse. Il parle toujours du « milieu » comme d'un ennemi personnel. Il ne trouve aucun pont pour communiquer avec le reste du monde. Il est voué à souffrir ou à commander, jamais à aimer et à comprendre. Il exige des sacrifices de tous les autres, parce qu'il mérite tout sans rien devoir à personne. Les femmes n'existent que pour le stimuler, le cajoler, le consoler. *Il a le droit d'accepter* les sacrifices : parce que les autres « ne le comprennent pas ».

Sur toute chose, les hommes supérieurs ont une opinion personnelle. Ils vous débiteront, à propos de « l'âme », de « la tragédie » ou de « l'amour », les pires des platitudes; mais ils le feront d'une façon « originale », selon « leur vie intérieure », qui vaut autant que l'univers tout entier et à laquelle ils font sans arrêt référence comme à une nouvelle bible, bien qu'en général on ne puisse rien y trouver de vivant ni de créateur, car ils ne sont jamais sincères, pas plus avec eux-mêmes qu'avec autrui. Ils arborent une « supériorité » qui peut mystifier un public crédule et quelques femmelettes en mal d'idoles, mais jamais leurs pareils. Dans aucune âme autre que la leur ne fermentent autant d'envie raffinée et d'hypocrisie farouche, surtout si, n'ayant pas eu de chance, ils fuient « le milieu » pour se réfugier dans un « monde à eux », fait de pensées « originales » ou de manies inoffensives. La superstition de la tour d'ivoire, de l'isolement, du mépris pour les contemporains n'a pas été engendrée par l'orgueil de quelques grands créateurs (qui n'ont vraiment pas été compris par leurs contemporains), mais par la psychose de tous les ratés « supérieurs », par une inflation d'originaux, par le romantisme de la fronde. Les Léonard de Vinci et les Spinoza ne se sont pas plaints d'être « incompris », ils ne se sont pas retirés dans leur cabinet de travail par mépris pour « le milieu » qui ne savait pas apprécier leur supériorité. Ils ont mené une vie solitaire parce qu'ils étaient réellement préoccupés par des idées qu'ils se devaient d'approfondir et de mûrir tranquillement. Leur retraite n'était pas due à l'hostilité. Ils ne laissaient pas entendre qu'ils étaient « incompris ».

L'ennui, chez l'homme supérieur, c'est qu'il n'a jamais le courage de son orgueil, il ne vous dira jamais en face qu'il est un génie et vous un simple mortel : *il vous le laissera entendre.* Quoi qu'il fasse ou écrive, il laisse entendre quelque chose qu'il n'ose pas avouer. D'où des raffinements et des subtilités insupportables pour les gens de bon sens. L'analyse est son exercice favori. Il analyse n'importe quoi et il s'analyse n'importe quand, avec une attention douloureuse, une soif invraisemblable, une subtilité vraiment remarquable. Dans un sens, on pourrait dire que la psychologie a été créée par les femmes et les hommes supérieurs. C'est un exercice plein de surprises, balsamique, fascinant et finalement stérile, mais stimulant en raison des proportions que prend l'individu qui se contemple au microscope.

Doué d'une telle vie « intérieure », l'homme supérieur, quoique toujours « incompris », vous comprend immédiatement. Il comprend votre douleur avant que vous ne lui en parliez : « il est passé par là », il vous donne chaleureusement de bons conseils ; il est prêt à vous ouvrir son âme, à vous faire des confidences, à vous prendre par la main. Mais seulement tant qu'il ne devine pas en vous un de ses pairs. Il n'en veut pas. Il veut des adorateurs, des consolateurs, des spectateurs, de temps en temps des applaudissements. Il préfère tout à l'égalité, il préfère rester « incompris », être insulté, calomnié. Les gens qu'il aime sont morts, ils sont des idoles ; et si jamais il aime un contemporain, soyez sûrs que celui-ci est si « grand » qu'il a dépassé depuis longtemps la stature humaine ordinaire.

Les hommes supérieurs sont soit des révoltés, soit des résignés. Jamais en accord avec l'heure et le monde où ils vivent. Leur plus grande joie, outre entendre parler d'eux, c'est d'analyser sans cesse les hauteurs de leur âme et de mesurer la distance qui les sépare des autres. Analyse, chimères et automatismes; ils ont beau s'évertuer à se différencier de la médiocrité et de la plèbe, ils demeurent toujours un *type*. Être médiocre n'est pas une honte; mais tomber dans l'autre médiocrité, celle des sommets, du *type* supérieur, est franchement vulgaire. Le succès des gens supérieurs, hommes et femmes, est dû à la vulgarité de l'esprit du public. Lequel choisit des idoles flattant ses désirs : être « supérieur », un « génie incompris », un « homme fort », un « élu », un « sauveur ». Car, au fond, chacun souhaite être un homme supérieur...

DE LA SINCÉRITÉ ET DE L'AMITIÉ

Beaucoup de gens se font de la sincérité une idée si confuse qu'elle ressemble à une superstition. On dit : être sincère signifie ne rien dissimuler à l'autre, ne rien maquiller, s'épancher complètement. Exact; mais ce n'est jamais vous, c'est toujours *l'autre* qui en juge. Il vous trouve sincère non pas « quand vous ne lui cachez rien », mais quand vous ne lui cachez pas ce qu'il n'attend pas que vous lui cachiez. C'est paradoxal et pourtant c'est ainsi : ce n'est pas vous, c'est l'autre qui est le garant de votre sincérité. Il vous tient pour sincère seulement quand vous dites ce qu'il souhaite, ce qu'il attend de vous.

Si vous dites à une amie qu'elle est belle et intelligente alors qu'elle n'est ni l'un ni l'autre, vous n'êtes pas sincère. Si vous lui dites qu'elle est laide et bête, vous êtes sincère. Mais si vous lui confiez que tout cela n'a pas la moindre importance, que vous avez d'autres choses à lui faire savoir (par exemple, qu'elle perd son temps stupidement, qu'elle se nourrit de chimères, que son imagination l'éloigne de la vérité et, pourquoi pas, du bonheur), alors vous n'êtes ni sincère ni hypocrite, vous êtes fou. « La sincérité » est une volupté amère que chacun de nous recherche; amère parce qu'elle nous fait souvent souffrir; néanmoins une volupté, parce qu'elle nous montre ce que nous voulions savoir et, surtout, parce qu'elle étanche notre éternelle soif d'entendre parler de nous, de constater que nous existons (puisque nous attirons l'attention des autres), que nous n'évoluons pas dans un monde hostile (bizarre, notre crainte si forte d'un monde « hostile », d'un milieu étranger, avec lequel nous ne pouvons pas communiquer, pas être sincères), bref notre soif de vérifier et justifier notre existence. Nous voulons que les gens soient sincères avec nous pour nous assurer que nous ne sommes pas seuls. Rien autant que la sincérité ne nous donne la certitude d'être entourés d'amis, de gens qui nous aiment – de ne pas être seuls. Aussi est-ce aux heures de grande solitude que sont faites la plupart des confessions, que les âmes s'ouvrent, se cherchent l'une l'autre; elles voudraient extirper le sentiment glacial du délaissement, de l'isolement définitif. La sincérité est un aspect parmi tant d'autres de l'instinct de conservation.

Cependant, comme je l'écris ci-dessus, elle n'est pas une réalité, elle est une de nos superstitions. Car notre prochain nous demande de dire uniquement les vérités qu'il attend. On est totalement sincère non quand on dit tout ce qu'on pense, mais quand on devine exactement ce que l'autre veut entendre. Si l'on dit autre chose, on est fou ou ridicule.

Au fond, la sincérité fait partie des sentiments et des orgueils formant la classe très compliquée qu'on connaît sous l'appellation générique d'amitié et qui, avouons-le, constitue l'une des meilleures raisons d'aimer la vie. Il en est de l'amitié comme de la sincérité : on n'est pas aimé pour ce qu'on est, mais pour ce que voit et croit un ami. En tant qu'individu, on est toujours sacrifié. On ne peut être soi-même ni dans la sincérité ni dans l'amour. On n'est pas aimé pour soi, on l'est pour ce qu'on peut donner, justifier, vérifier, contredire ou affirmer dans les sentiments d'un ami. Et l'on ne peut pas se plaindre, parce qu'on en fait autant. Tout le monde en fait autant...

Il existe d'autres sincérités, comme il existe d'autres amitiés. J'en ai donné quelques exemples dans mon article sur le ridicule. Grandes, les unes et les autres passent pour ridicules. Celui qui vous prête de l'argent quand vous êtes dans le besoin est « un excellent ami ». L'autre, celui qui vous dit qu'il n'y a pas de besoin, pas de complications liées à la richesse et à la pauvreté, que la raison d'être de l'homme dépasse la course à l'argent, il est un exalté, il est ridicule.

Dans une amitié, chacun des amis sacrifie la liberté de l'autre, ce qui est assez attristant. J'entends par liberté la somme de ses possibilités, sa volonté de changer, de se modifier, de se compromettre. Vos amis vous aiment parce qu'ils se sont habitués à vous : ils vous voient dans la rue, ils vous rencontrent au café ou sur le terrain de sports, vous les accompagnez au cinéma ou en visite, ce qui leur plaît vous plaît généralement aussi, ce qu'ils pensent, généralement encore, vous le pensez aussi. Où vous situez-vous dans la masse de leurs sentiments? Vous êtes décomposé, distribué, assimilé selon leur gré, selon leur caprice. Et vous en faites autant.

Mais si, un jour, vous voulez être libre, faire *autre chose* que ce qu'on attend de vous, alors vous n'êtes plus un ami; alors, vous importunez, vous lassez, vous dérangez. Au mieux, vous êtes toléré : l'affection de vos amis ne peut rien offrir de plus à votre liberté que la tolérance.

L'amitié la plus éprouvée érige quelquefois des remparts infranchissables. Comme si elle vous disait : « Je t'ai suivi jusqu'ici, je t'ai laissé y arriver. Désormais tu es absurde, tu es ridicule. Je n'irai pas plus loin! » Essayant il y a quelques jours de parler de la mort avec des amis, j'ai constaté encore une fois avec tristesse que des murailles nous séparaient. Ils avaient l'air de me dire : « Arrête, laisse tomber les bêtises. » Ils ne pouvaient pas admettre que ce qu'ils prenaient pour des bêtises était peut-être pour moi une question essentielle. Ils ne comprenaient pas qu'ils pouvaient la discuter, la critiquer, mais pas l'éluder, méprisants ou indifférents. Je me suis souvent demandé ce que penseraient mes amis si je commettais une action compromettante, mais exigée d'urgence par ma liberté. Par exemple, si je me convertissais au judaïsme ou au baptisme, si je devenais un lutteur de foire ou un champion de billard; bref, quelque chose qui les incommoderait, qui les inquiéterait. Ils ne jugeraient pas mon changement selon mon point de vue. Ils n'essaieraient pas de passer un instant en moi, pour comprendre ma folie. Ils me décréteraient carrément fou, peut-être me toléreraient-ils, peut-être m'abandonneraient-ils complètement. Quoi qu'il en soit, *ils ne passeraient pas en moi.* Or, l'amour véritable n'est que le complet renoncement à soi pour passer en l'autre.

Le banc de l'amitié n'est pas ce qu'on appelle « les épreuves de la vie », mais la liberté qu'on accorde à l'autre. Aider un ami dans le besoin, le consoler, l'encourager à force de « sincérité » ne veut rien dire. Les preuves d'amitié sont différentes : ne pas violer la liberté de votre ami, ne pas le juger selon votre point de vue (qui est peut-être réel et justifié sans correspondre pour autant à l'expérience, à la vocation de l'autre), ne pas l'estimer pour ce qui vous arrange ou vous amuse, mais pour ce qu'il est *lui-même,* pour ce qu'il doit réaliser afin de devenir un homme au lieu d'être un mannequin.

Tout ceci, cependant, nul ne l'exige, de même que nul n'exige d'autre sincérité que celle qu'il souhaite.

OCÉANOGRAPHIE

Dans une amitié, ne l'oubliez pas, ce que prend l'autre n'est pas seul à compter. Chacun prend moins qu'il ne devrait. Tel est notre grand péché : nous ne sommes pas avides de *beaucoup,* nous nous contentons de quarts de portion. Voilà pourquoi nous avons tous tellement peur du ridicule. Non seulement nous ne donnons pas autant qu'il faudrait, mais nous prenons bien moins que ce qu'on nous offre...

DE LA JEUNESSE ET DE LA VIEILLESSE

J'aime toujours revenir sur des questions banales ou insolubles (c'est parfois la même chose) ; y réfléchir me fournit une nourriture que ne m'offrent ni l'actualité ni la problématique d'avant-garde. Ainsi, je pense souvent au problème si ancien et compliqué de la jeunesse. Elle est pour moi une énigme. Car elle a *toujours raison* et, pourtant, elle est toujours médiocre, plate, impuissante. Atroce impuissance de la jeunesse ! Tant qu'on est jeune, on semble foncièrement inconsistant : on ne peut rien *réaliser,* on ne peut rien engendrer d'organique, sauf des fragments de vie (peut-être géniaux, mais seulement des fragments) discontinus, inégaux, sans style. Inutile de se débattre, inutile de penser : on ne comprend presque jamais, on n'est pas au contact des réalités, on ne respire pas la vie. On prétend que la jeunesse est proche de la vie parce qu'elle n'en est pas séparée par les déceptions, les expériences, les constructions mentales qui caractérisent la maturité. C'est une erreur. Au contraire, elle draine un million de superstitions, d'idées rabâchées, de suggestions et d'illusions qu'elle interpose toujours entre la vie et elle. Le contact direct avec la vie n'est fourni que par la maturité, et le contact parfait par la vieillesse. On ne commence à vivre réellement qu'à la quarantaine. Jusque-là, on ne vit que par des gestes et des intentions, dans l'espoir de l'avenir et le souvenir du passé.

Chose étrange, les jeunes ont un sens du passé plus précis que les gens d'âge mûr. Ils vivent beaucoup plus avec leurs souvenirs que les quinquagénaires ou les sexagénaires. En outre, pour les jeunes le passé est un élément toujours présent, aussi paradoxal que cela paraisse. Ils sont liés à leurs souvenirs en permanence, par une osmose entretenue sans cesse. Ils ne les *voient* pas encore comme les voit un homme d'âge mûr. Ils ne s'en sont pas encore détachés.

Les jeunes font preuve, lorsqu'ils se manifestent, d'un manque d'originalité déprimant. Il est absurde d'affirmer qu'ils sont originaux, personnels, novateurs. Leur originalité réside dans le fait qu'*ils ne comprennent pas bien* certaines choses qu'ils comprendront plus tard de façon précise, mais qu'ils ne diront plus parce qu'elles ne les intéresseront plus. Semblables aux violoneux qui ne savent pas lire les notes, ils reproduisent des « vérités » entendues et passent ainsi pour des originaux.

Demandez à un jeune homme d'écrire un livre sur la vie et il vous apportera un manuscrit de mille pages, tellement il connaît de choses et tellement tout lui paraît important, nouveau, significatif. Un homme mûr écrira cent pages; un vieillard, une vingtaine au maximum. Le destin de la jeunesse est tout entier dans cette anecdote : l'espace et le temps l'enivrent trop.

Les jeunes ont l'habitude de se moquer de la peur de la mort qu'éprouvent les vieux et de se vanter du courage avec lequel ils affronteraient la mort. Il n'est pas difficile de sacrifier ce qu'on n'a pas encore eu le temps d'apprécier. Que perdraient-ils en mourant? Que connaissent-ils de la vie pour l'aimer? Mais il y a plus : l'irrémédiable opacité de la jeunesse face au sentiment de la mort, face à l'agonie, au trépas. Une opacité qui trahit la médiocrité. Car une conscience qui n'a pas débattu, d'une façon ou d'une autre, du problème de la mort doit encore grandir avant d'atteindre le minimum d'élévation indispensable à la contemplation et à la compréhension de la vie.

Quelqu'un me disait que la jeunesse était médiocre parce qu'elle n'avait pas ou avait trop peu d'expérience. Peut-être est-ce vrai. Mais, à mon avis, ce ne sont pas les expériences qui manquent aux jeunes, c'est la faculté de les comprendre. Ils s'évertuent à les éviter. Les aventures les plus extraordinaires ne les touchent pas vraiment, ils ne les intériorisent pas, ils ne les transforment pas en nourriture, en entendement. J'ai connu un jeune journaliste tchécoslovaque qui avait fait trois fois le tour du monde, bravé toutes sortes de dangers, visité des villes de rêve ou de cauchemar; à son retour, au bout de quatre ou cinq ans, il n'était pas moins médiocre, opaque et grossier psychiquement qu'auparavant. Cet heureux garçon était resté parfaitement jeune, c'est-à-dire parfaitement médiocre.

Pourtant, la jeunesse a toujours raison. S'opposer à une jeune médiocrité pour soutenir une vieille perfection, voilà le pire crime de l'esprit. Les hommes mûrs et les vieillards sont les vrais créateurs, certes, et les jeunes les vrais impuissants; malgré tout, ceux-là ne nous intéressent pas, tandis que ceux-ci *doivent* toujours nous intéresser. Pas parce qu'ils représentent l'avenir de la culture et ainsi de suite. Mais tout simplement parce que nous ne les connaissons pas encore, à la différence des autres. La perfection immobilisée ne m'intéresse pas, contrairement aux successions d'échecs, de tâtonnements, d'accrocs. Dans la perfection, dans la certitude, le geste de la vie est accompli; ce qui est « parfait » et « certain » est, de ce fait même, mort, pétrifié; rien de neuf ne peut en naître. Or, je préfère assister et aider à la naissance humble et médiocre d'une forme passagère, imparfaite, que contempler indéfiniment une forme magnifique, mais morte, accomplie. Qui sait, un beau jour cette naissance médiocre en entraînera peut-être une autre, qui bouleversera le monde (et alors, sa fonction étant accomplie, elle s'arrêtera, elle périra), tandis qu'un monument parfait demeure tel quel, sans plus.

Au fond, nous apprécions la jeunesse parce que nous savons que la vieillesse la remplacera un jour. Ce qui est paradoxal, car cette dernière ne nous intéresse pas. Oui, il est paradoxal de soutenir, de louer et de promouvoir un idéal non parce qu'il est « idéal », mais parce qu'il deviendra autre chose, et puis de s'en désintéresser quand il le devient.

Il se pourrait toutefois que la jeunesse et la vieillesse soient seulement des destins de notre vie auxquels certaines personnes puissent échapper. Par exemple, celles que la maladie, la souffrance ou le sens de la mort ont rajeunies dans leur vieillesse. Je pense que la jeunesse et la vieillesse appartiennent plus à l'esprit qu'au corps, mais pas dans le sens qu'il y a des jeunes vieux et des vieux jeunes. Ces spécimens me répugnent profondément. J'ai horreur des jeunes trop sages comme des vieillards chahuteurs, noceurs, coureurs, fantaisistes ou tendres.

Je dis que la vieillesse et la jeunesse appartiennent plus à l'esprit en ce sens qu'on peut – très rarement, il est vrai – les synthétiser ou les harmoniser. Si elles étaient seulement des destins du corps, il serait inutile d'essayer de les rapprocher, de les unir. On ne peut les rapprocher, les unir, qu'en renonçant à toutes deux, en s'en désintéressant, en n'étant pas obsédé par « l'histoire ». Il y a de jeunes et de vieilles saisons, et pourtant une palingénésie permanente, une renaissance admirable et continue règnent sur la terre. Si l'on sait transformer une même heure en jeunesse et en vieillesse à la fois, on ne craint plus ni l'une ni l'autre. Lorsqu'on n'est plus intéressé par la médiocrité ni par la perfection, par l'erreur ni par la certitude, on s'affranchit de ces destins parce qu'on reste seulement soi-même, sans vieillesse et sans mort. Je pense souvent à l'un de nos contes, *Jeunesse sans vieillesse et vie sans mort.* Les mythes de ce genre ne représentent-ils pas le drame central d'une civilisation? Pourquoi personne n'essaie de les comprendre?

LA MENTALITÉ MAÇONNIQUE

Je ne connais aucun franc-maçon et je n'ai rien compris aux nombreux livres que j'ai lus sur la franc-maçonnerie. J'ignore ce que veulent les francs-maçons, qui leur a fourré dans la tête qu'ils tirent leurs doctrines de Salomon et des pyramides, pourquoi ils font un tel mystère de leurs « secrets », qu'ils publient pourtant dans des centaines de livres de propagande. Cette littérature fantaisiste m'a néanmoins appris une chose : à comprendre la mentalité maçonnique.

Vous serez peut-être surpris de constater que j'attribue une mentalité de francs-maçons à des gens qui n'ont aucun rapport avec leur société secrète. C'est qu'un nombre étonnant d'intellectuels jugent le monde, l'esprit et l'histoire avec une mentalité pareille. Que je résumerai ainsi : une façon simpliste de voir les choses, des critères abstraits pour considérer l'histoire. Les marxistes en sont un merveilleux exemple. Pour eux, tout est clair, l'histoire tout entière est un jeu de forces économiques rigides, simplistes jusqu'à en être absurdes, abstraites jusqu'à en être confuses. On ne peut pas discuter avec eux. Comme d'ailleurs avec aucun intellectuel de formation « maçonnique ». Il y a dans leur tête trop de « lumière », trop de « certitudes »; la même équation résout tous les problèmes, les inconnues sont toutes du même degré, sur le même plan.

J'ai commencé à me dire sérieusement que ce paradoxe – la mentalité maçonnique – n'en était pas vraiment un lorsque j'ai mieux connu la mentalité marxiste. Le marxiste est quelqu'un qui a mille certitudes et qui accepte un seul miracle : l'œuvre de Karl Marx. Il réduit l'histoire à quelques formules simples qui expliquent tout, qui satisfont toutes les curiosités, qui prémunissent contre toutes les objections. L'irrationnel, l'imprévisible, l'irréductible (toutes ces forces obscures qu'il est impossible d'anticiper et qui font que l'histoire d'un pays soit nettement différente de celle d'un autre) n'existent pas pour un heureux marxiste ayant une mentalité maçonnique.

Celle-ci est caractérisée par une étrange conjonction d'abstraction et de grossièreté. En effet, le franc-maçon juge le monde et l'histoire de manière abstraite (c'est-à-dire sans contact direct avec les réalités, sans l'expérience du temps, sans prise sur le présent). Par exemple, un maçon de stricte obédience dirait à peu près : Michel le Brave représentait telle Force et offensait tel Symbole; privé pour cette raison de l'aide du Maître Trois Étoiles, il a trouvé la mort comme il fallait s'y attendre. (J'ai en ce moment sur ma table toute une série de livres du « maître » Ragon. Je peux le citer si quelqu'un se méfie de ma façon de résumer l'interprétation maçonnique de l'histoire. Et le jeu pourrait continuer.)

Comme on le voit donc, les maçons – ou les marxistes ayant la même mentalité qu'eux – portent un jugement « abstrait » et néanmoins très grossier sur l'histoire, le monde, la vie. Il n'y a rien de *concret* pour eux; il n'y a pas de faits, de faits purs et simples, c'est-à-dire des événements imprévisibles, irréductibles, irrationnels. Ils ont solution à tout grâce à un schéma simpliste, un schéma pédant, pseudo-rationnel, dépourvu de pénétration philosophique et en même temps d'intuition directe des faits, des réalités. Pour un heureux tenant de la mentalité maçonnique, il n'existe pas d'énigme et pas de destin. Tout peut être prévu, tout peut être expliqué; tout et *à n'importe qui* [1]. Plus besoin d'effort, d'inégalité et donc d'intelligence, puisque le schéma est à la disposition de tous. Apprenez un symbole de plus, et vous comprendrez le Moyen Age. Lisez un tome du *Capital* de Marx, et vous comprendrez le féodalisme. Payez une taxe supplémentaire à la Loge, et vous apprendrez un autre symbole; vous comprendrez alors les mystères du XVIIIe siècle. Lisez encore un volume du *Capital,* et vous comprendrez la Révolution française.

Je ne voudrais pas qu'on prenne ceci pour une plaisanterie, car c'est trop sérieux et trop triste. J'ignore ce qu'est une société ou une loge maçonnique, mais je pense que l'esprit de la franc-maçonnerie – le simplisme, l'anti-histoire, l'abstraction grossière – a pénétré et bouleversé toute la mentalité européenne. Des classes entières de gens sont si sûres de posséder la clé de

1. Freud et la psychanalyse donnent un autre exemple admirable de ce que j'appelle la mentalité maçonnique. Freud *laïcise* l'Absolu, c'est-à-dire qu'il propose à tout un chacun une clé unique qui, croit-il, explique tout le psychisme. Alors qu'auparavant comprendre l'Absolu (le sens de l'existence, de l'âme, des réalités surnaturelles) supposait l'effort, l'ascèse, l'intelligence – et donc l'inégalité –, la psychanalyse offre cette compréhension à tout le monde pour l'achat de trois ou quatre livres pas trop chers, accessibles à n'importe qui. Freud est un grave exemple de trahison de la spiritualité judaïque, c'est-à-dire de transfert d'une valeur unique et de laïcisation de l'Absolu. Il serait d'ailleurs intéressant d'étudier l'apparition de l'élément *dramatique* dans la spiritualité judaïque (où il n'a jamais existé, où la liturgie était le seul dynamisme accepté dans l'expérience spirituelle), apparition qui, à mon sens, coïncide avec cette laïcisation de l'Absolu. *(Sauf indication contraire, les notes sont de l'auteur.)*

l'univers, la *clavis absconditorum,* qu'on ne peut même plus converser avec eux. De surcroît, leurs certitudes ne portent pas sur des *principes,* sur l'essence des choses, sur un domaine propre à la philosophie ou à la religion; non, elles portent sur des réalités phénoménologiques, en perpétuelle transformation et au devenir évanescent : la vie, l'histoire, l'homme de la rue et l'homme des hauts faits.

Peut-être avez-vous rencontré vous aussi des « intellectuels » de formation maçonnique, des gens avec lesquels on ne peut pas parler du quotidien, avec lesquels il faut trouver un terrain de discussion neutre. Observez-les bien. Vous verrez qu'ils placent tous un miracle au centre de leur entendement universel. Ils croient qu'un événement unique, singulier et irréversible, survenu à une certaine date dans l'histoire, explique tout et à tout le monde. C'est le processus contraire, dégradé, de ce qu'on pourrait appeler la mentalité chrétienne si le christianisme était abstrait, s'il ne fusionnait pas, dans ses cas authentiques, avec la nature même de l'homme, avec l'humanité. Pour les chrétiens, le fait historique qu'est l'avènement du Sauveur a changé le monde. C'est également irréversible, c'est également un miracle. Mais si différent de la mentalité laïque moderne, de la mentalité maçonnique. D'abord, le chrétien (le religieux en général, le philosophe, le moraliste) croit à la grâce, au salut, au destin, à l'histoire; il croit à une économie spirituelle parallèle à l'économie « économique » (qu'on veuille bien me passer l'expression). Continuez et vous trouverez quantité d'autres différences.

Ce que la mentalité maçonnique refuse avec acharnement, c'est la subtilité, la dissociation des plans. Le socialiste ne démord pas d'une idée; le théosophe ne démord pas de trois idées. Mais, toujours, *une* seulement ou *trois* seulement. Jamais autre chose, jamais autrement. Vous me rétorquerez : mais la raison (la pensée scientifique ou philosophique) n'a pas d'autre but que de trouver une seule loi, un seul critère pour comprendre le monde. Exact. Sauf que la raison cherche une loi se rapportant aux principes, aux essences. Son unité réside dans la cohérence et non dans l'univocité, contrairement à la mentalité maçonnique, dont l'interprétation du monde n'est pas organique (cohérente), mais simpliste (contrainte, univoque); pas réaliste, mais abstraite et grossière.

J'ignore (et ce n'est d'ailleurs pas l'objet de ces notes) s'il y a une relation historique entre les diverses manifestations de la mentalité maçonnique dans le monde moderne (les Lumières, le marxisme, la théosophie, l'anti-histoire, etc.). Du reste, cette mentalité s'exprime en dehors des cadres mentionnés ci-dessus. J'ai un excellent ami qui a une interprétation maçonnique du monde, sans être ni un marxiste ni un théosophe. Il est seulement simpliste et un peu cuistre. Moins « on en démord », plus on se rapproche de la mentalité maçonnique.

Ainsi, l'histoire de la politique roumaine de la révolution de 1848 jusqu'en 1933. Partout des lois abstraites, des actes inspirés des Lumières, une pensée grossière. Mais l'intuition quotidienne et le sens du réel, du concret, de l'humanité sont totalement absents. Et l'on pourrait allonger la liste des exemples.

ORIGINALITÉ ET AUTHENTICITÉ

Un ami de province me demande de lui expliquer ce que veut dire « originalité, original et originaux ». Voilà une question à laquelle je n'avais pas pensé depuis l'adolescence. Ou plutôt une pseudo-question, qui ne vaut vraiment pas la peine d'être posée; en définitive, être original ou non n'a que peu d'importance. Je connais bien des auteurs mineurs qui sont originaux d'un bout à l'autre; ils n'en restent pas moins mineurs; ils amusent, ils surprennent, ils ravissent, et c'est tout. L'originalité a toujours quelque chose de « fabriqué », de forcé, d'extérieur et de quelque peu hostile. Si nous relisons les œuvres des auteurs originaux (ou qui se sont imposés aux lecteurs par leur originalité), nous constatons que leur création est soutenue par d'autres qualités que l'originalité. Par exemple, Papini, Gide, Unamuno, Joyce. Ils cachent d'autres gestes et une autre substance sous leur originalité, qui frappe au début, mais qui finirait par lasser si elle se manifestait seule.

L'originalité a cela de répugnant que, le plus souvent, elle mystifie. Certes, comme toute mystification, elle dégage un charme auquel il est difficile de ne pas succomber. Mais, quand on a lu quelques bons livres et connu quelques hommes bien vivants, authentiques, ce charme n'agit plus. On devine d'emblée sous la gesticulation une volonté d'être autrement, un bovarysme philosophique ou magique qui donne à réfléchir. Alors, se demande-t-on, pourquoi cet auteur tient-il à être, à parler, à écrire *autrement* qu'à sa mesure? Pourquoi a-t-il besoin de se vérifier et de s'affirmer en intimidant les autres, pourquoi a-t-il besoin de se singulariser? Il y a du louche et du stérile dans tout désir d'originalité. Car, pareillement à tout ce qui est vivant dans notre monde, la création artistique et la pensée philosophique ne nous demandent rien d'autre qu'être nous-mêmes, que surprendre parfaitement et totalement notre vision intérieure, qu'exprimer entièrement notre expérience, notre vécu. Tout effort visant à exagérer, à standardiser, à automatiser notre authenticité (autrement dit, toute tentative d'originalité volontaire) est un acte manqué. Ce qu'on pouvait dire d'une façon belle et simple, on le dit d'une façon rhétorique et emphatique, ou hypocrite et hermétique. On le dit, en tout cas, cérémonieusement, en se plaçant à une hauteur et à une température forcées.

Pour ma part, je suis incapable de lire un auteur qui recherche à tout prix « la beauté » ou « la profondeur ». Surtout si ni l'une ni l'autre n'appartiennent à une règle classique, si elles sont la découverte de l'auteur, son « originalité », sa marque personnelle. J'ai l'impression de l'entendre s'écouter quand il pense, de le voir s'émerveiller de ce qu'il écrit, et ce jeu empêche toute possibilité de communication directe de la pensée. Lorsqu'il ne s'agit pas du romanesque, les efforts faits pour créer une « atmosphère » témoignent d'une pseudo-spiritualité. De nombreux jeunes essayistes, penseurs et chroniqueurs roumains mettent dans leurs écrits de « l'atmosphère », quelle qu'elle soit : hermétique, vulgaire, morbide (vous connaissez la rengaine : « c'est mon sang, c'est ma chair! »). L'expectative est la seule attitude à avoir envers ces « penseurs à atmosphère ». Leur ferveur et leur emphase ne sont pas des raisons suffisantes pour les négliger ou les ignorer. N'oublions pas que les débuts d'un Unamuno ou d'un Papini ont été semblables. Cela dit, la course effrénée à « l'originalité » ne laisse guère d'espoir...

*

Face à l'originalité, je propose l'authenticité. Qui signifie au fond la même chose [1], sans le cérémonial, sans la technique et la phonétique inhérentes à la première. Vivre soi-même, connaître par soi-même, s'exprimer soi-même. Nul « individualisme » en cela : une fleur qui s'exprime dans sa pleine beauté, sans altération ni originalité, n'est pas accusée d'individualisme. Il ne s'agit pas là de personnes, mais de *faits*. Raconter une expérience personnelle n'est pas de « l'individualisme », de « l'égocentrisme » ou je ne sais quoi. C'est s'exprimer et penser à propos de faits. Plus on est authentiquement soi-même et moins on est personnel, réussissant ainsi à mieux exprimer une expérience ou une connaissance universelles. Un journal intime a, pour moi, une valeur humaine plus universelle qu'un roman grouillant d'innombrables personnages. *Les faits* narrés dans le journal – parce qu'ils sont totalement authentiques et exprimés si « personnellement » qu'ils dépassent la personnalité de l'expérimentateur pour rejoindre les autres faits décisifs de l'existence – représentent une substance qu'on ne sau-

1. A la publication de mon article, cette affirmation provoqua une véritable panique. De nombreux jeunes (en particulier Eugène Ionesco) crurent y trouver une contradiction si flagrante qu'elle démontrait définitivement la confusion de ma pensée. Je le mentionne pour illustrer la candeur primaire avec laquelle on accueillait en 1932 les spéculations sur les « identités ».

rait méconnaître. Tandis que le roman aux personnages innombrables est un livre *fabriqué,* original.

Je me demande si l'on comprend bien ce que je veux dire. Je pense que l'universalité authentique (la seule à pouvoir ériger une œuvre littéraire digne des chefs-d'œuvre du génie humain) ne se rencontre que dans des créations rigoureusement personnelles. Le monde est ainsi fait qu'un simple fragment peut en représenter l'essence, de même que celle de la vie est représentée par une goutte de sang ou de sève. Une expérience authentique, c'est-à-dire non altérée, exempte de littérature, peut représenter toute la conscience humaine du moment. Alors qu'un livre « fabriqué », pour vastes qu'en soient les bases et universelles les tendances, ne parviendra pas à surprendre cette conscience, tout comme un muséum ne surprend pas la vie, quel que soit le nombre de ses animaux empaillés. Tout le problème, c'est la goutte de sang...

JUSTIFICATION DE LA JOIE

Depuis quelque temps – pour des raisons tellement diverses et intéressantes qu'on pourrait consacrer un volume à ce propos –, on s'est mis à croire en Roumanie aussi au sens tragique de la spiritualité et à la valorisation de l'agonie en tant que justification suprême de la vie spirituelle. On écrit de plus en plus souvent, avec de plus en plus de talent, qu'une vie authentiquement spirituelle mène à l'agonie et que l'expérience du désespoir et de la triste solitude est pour l'esprit la seule possibilité de s'affirmer. Une vision négative de l'existence s'instaure donc dans la jeune culture roumaine. Nous connaissions jusqu'ici le pessimisme chez Eminescu et l'orgueil de la solitude tragique chez Vasile Pârvan [1]. Nous en connaissions également les sources. Mais nous nous trouvons aujourd'hui devant une vision beaucoup plus désespérée et irrationnelle, qui dénie tout sens à l'existence, qui donne le pas à l'agonie sur la vie, qui réduit la joie à un seul instant.

Précisons tout de suite que l'expérience du désespoir et de l'agonie est un phénomène d'autant plus intéressant pour notre race qu'elle ne le connaît pas. Jusqu'ici, les Roumains ont courbé l'échine et ont pris

1. Écrivain et archéologue (1882-1927). *(N.d.T.)*

leur mal en patience. Ils n'ont jamais protesté, jamais maudit, jamais réagi contre les humiliations d'ici-bas ni contre la colère de Dieu. L'agonie est un état tout à fait étranger à l'âme roumaine. « Rater » est notre seule expérience; « ne pas être compris » était, il y a quelques années encore, la seule et grande peur de nos intellectuels. Voyez comme la différence est grande : d'un côté, le sentiment, incontestablement mineur, de la solitude et de l'inutilité de l'individu dans son environnement; de l'autre, le sentiment de la vanité de la vie face à la réalité de la mort, à la solitude cosmique, décisive.

Quelle que soit l'origine de cette conception funèbre de l'existence – Unamuno (mal compris, bien entendu) ou Heidegger, Chestov ou Klages –, elle n'infirme pas l'authenticité de l'expérience qui se trouve derrière la pensée et l'écriture. Être influencé par tel ou tel auteur, c'est seulement avoir à peu près les mêmes problèmes, la même intuition de l'existence. Chacun trouve son secours selon son besoin.

Répéter ici les raisons pour lesquelles l'expérience de la douleur est un moment nécessaire de la connaissance, prouver que la douleur est un élément dynamique et constructif de la vie, voilà qui serait un effort inutile. Personne ne met en doute le caractère préalable, présupposé, de la douleur. Qu'elle soit ou non une malédiction, qu'elle tienne ou non du péché, je n'en discuterai pas dans cet article. Je me bornerai à rappeler brièvement ce que j'ai écrit plus longuement ailleurs (dans *Soliloques* [1]) : l'homme a pour destin une atroce solitude, un cercle de fer l'enserre en soi, son expérience et sa connaissance elles-mêmes le limitent. La conscience de la solitude nourrit sans cesse la douleur et,

1. En français, *la Bibliothèque du maharadjah suivi de Soliloques*, Gallimard, à paraître. *(N.d.T.)*

quelles que soient les illusions créées par la vie autour de nous pour éteindre notre dernière lueur de lucidité avant la mort, elles se révèlent finalement impuissantes.

Toutes les expériences du désespoir, de l'agonie et de l'inanité viennent de là, de la solitude, de l'isolement prédestiné parmi les hommes et dans la vie. Une course de l'homme à la mort.

Quoi qu'il en soit, cette course à la mort (et ce désolant goût de mort que nous laissent chaque instant vécu, chaque heure passée) est sans rapport avec le piétinement, le sommeil ou l'inertie que j'appellerai une mort en pleine vie. Il y a des gens qui meurent et pourrissent ou se momifient de leur vivant. L'expérience de l'agonie et du désespoir (qu'il me soit permis de reprendre un paradoxe célèbre) est la meilleure confirmation de la vie, la plus sûre vérification d'un vécu frénétique et majeur. Par conséquent, ceux que le désespoir et l'agonie poussent à abaisser les valeurs de la vie, à les humilier sans arrêt en leur opposant le néant de la mort, ceux-là même démontrent, par leur propre affirmation de la vie, la victoire de celle-ci sur la mort. Bien que douloureuse, leur expérience infirme la primauté de la douleur sur la mort. Car il existe une autre sorte de douleur, celle qu'on ne perçoit pas ; tout comme il existe une autre sorte de mort, la mort en pleine vie, la décomposition, la putréfaction.

Les auteurs qui parlent de l'agonie, de la mort et du désespoir n'ont pas atteint les dernières cimes. Autrement, ils n'auraient ni l'envie ni la force de crier leur désespoir. Je veux dire qu'un désespoir avoué porte encore en lui la source de l'espoir, qu'une agonie dont on est conscient et contre laquelle on se bat justifie encore une fois la victoire de la vie. Car, nous l'avons vu, il y a d'autres morts et d'autres désespoirs dont nous autres, les vivants qui les approchons, sommes seuls à nous rendre compte. Des morts et des désespoirs qui illustrent de façon éclatante la vie et la joie des vivants.

Je pense donc que l'expérience du désespoir et de l'agonie confirme la primauté et la plénitude de la vie et de la joie et que la présence de ces thèmes dans la jeune culture roumaine atteste la vitalité et les ressources de notre race. Je préfère la pensée d'un Émile Cioran ou d'un Petru Manoliu à toutes les littératures et les philosophies bâties sur les vieilles formes du pessimisme roumain. Avec ces deux jeunes auteurs, nous nous trouvons devant des expériences majeures, malgré la déformation provinciale du second et la monotonie du premier.

Je me demande toutefois si persister dans l'agonie et le désespoir ne signifie pas piétiner, automatiser une expérience initiale. Je me demande surtout quelles sont l'efficacité et la raison d'être d'une telle position spirituelle dès lors qu'on cesse de la considérer comme préliminaire. La douleur est un moment nécessaire à l'acquisition de la connaissance et l'agonie une expérience nécessaire à la réalisation de la joie. Mais l'une et l'autre deviennent négatives, stériles et inutiles si on ne les dépasse pas. La mort ne se trouve pas toujours au bout de l'agonie, elle peut même la maîtriser, en l'automatisant, en l'arrêtant, en la transformant en dogme. L'agonie a pour seule valeur de vérifier la vie, et la douleur de vérifier la connaissance. J'apprécie l'agonie parce qu'elle oblige l'individu à rejeter toutes les illusions et tous les narcotiques et à vivre directement et personnellement. J'apprécie la douleur parce qu'elle est nue et entière, parce qu'elle simplifie la connaissance.

Mais s'installer dans le désespoir pour regarder et juger la vie et le monde n'est ni essentiel ni efficace. Le désespoir et l'agonie peuvent être des degrés, pas des centres. Tant qu'ils sont des degrés, ils ont une valeur dans la mesure où ils vérifient la vie et la connaissance. Dès qu'ils deviennent des centres définitifs, des états d'âme ou des formules automatiques, ils sont non seulement inutiles et malsains, ils sont également contraires à la charité. Le désespoir est condamnable pour son égoïsme, pour son manque de charité, mais aussi en tant que tel. A cet égard, la théologie chrétienne s'est abreuvée à la source centrale de la vie et de la joie en considérant le désespoir comme le pire péché contre le Saint Esprit : elle pardonne parfois un crime, mais jamais un désespoir consommé (le suicide). Là, un principe de théologie exprime la vie tout entière et la joie d'exister.

La charité, c'est-à-dire une justification inlassable de la joie d'exister, est le premier devoir de l'homme et le seul qui soit essentiel. Faire de sa vie et de la connaissance de soi une joie permanente – malgré les misères, les noirceurs, les péchés, les impuissances, les désespoirs –, voilà un devoir vraiment viril, un devoir de l'homme et de son humanité. Faire de sa vie une victoire ininterrompue sur la mort, sur le mal, sur les ténèbres, voilà un devoir qu'aucune morale au monde ni aucune société ne peuvent ignorer. La joie d'être vivant, aussi désespérés que soient les marécages de l'âme et ceux des alentours, ne doit pas être confondue avec l'optimisme vulgaire de la simple existence biologique. La joie de vivre dépasse de loin le confort et la santé. Elle n'exclut pas la souffrance, l'agonie, le désespoir – au contraire, elle les implique. Car jouir de la vie n'est rien tant qu'elle ne soulève pas des obstacles et des crucifiements. Les joies dignes de ce nom ont enduré toutes les épreuves et les humiliations propres à l'homme, qui connaît dès lors le rassérénement que donnent le sentiment de la victoire de sa vie, la charité, la certitude de ne plus être seul, le don qu'on fait aux autres et qui prouve que les autres existent, qu'on a franchi les frontières de son égoïsme, à l'intérieur desquelles naissait la souffrance.

Je ne connais pas de commandement plus valable que celui d'être vivant et charitable, ni de plus humain, car il nous demande de combattre notre propre destin, emmuré dans le cercle cadenassé de l'individu, un destin de solitude et de tristesse. La joie n'a pas de plus grande justification que la résistance du néant et des ténèbres qui sont en nous, la résistance du cercle prédestiné dans lequel souffre l'individuel. Les voluptés amères, éphémères et vaines de l'individu se coalisent contre la joie de vivre et de connaître. J'ai évoqué ailleurs (dans *Soliloques*) les efforts que fait l'homme, n'importe quel homme, pour lutter contre cette tragique limitation, pour communier, pour aller plus loin dans l'amour, pour s'arracher à soi et fusionner avec autrui. J'y voyais un instinct, une force lumineuse et charitable animant l'homme; l'autre force, tragique, étant celle de l'enfermement en soi, de l'inertie, de la limitation égoïste. Il convient, à l'issue de ces quelques pages consacrées à la joie, de faire un pas de plus, de dire que cet élan vers la lumière et l'amour, que cette soif de communion et de fusion sont le support de l'espoir, la source à laquelle peut s'abreuver une nouvelle humanité, plus libre et plus charitable. Je crois que la joie est la justification et la reconnaissance de ce qui est bon. Je crois qu'elle est la structure même de la nouvelle humanité que nous attendons. Je crois qu'il n'y a pas de plus grand péché contre l'humanité que la tristesse désespérée élevée au rang de valeur suprême de la spiritualité. Je crois que l'homme peut s'approcher de Dieu par la joie autant que par l'amour et que, s'il peut collaborer avec la Création, il pourra ajouter quelque chose à ce monde si plein et si riche : la joie, malgré tout ce qu'il peut y avoir en nous d'obscur, de démoniaque, de misérable. L'agonie et le désespoir sont appréciables seulement dans la mesure où ils sont les itinéraires les plus vigoureux menant à la victoire de la vie.

EXERCICES SPIRITUELS

Les quelques exercices spirituels que je présente ci-dessous ont principalement pour but de combattre la tristesse. Tant qu'on se trouve sous son emprise, on est en dehors de la vie et donc de la compréhension. Il n'est pas d'état plus dangereux ni de péché plus indigne. Les jeunes doivent lui opposer des forces lumineuses et victorieuses.

Il faut voir dans les exercices spirituels de véritables efforts, de véritables faits de conscience.

Ils relèvent d'une technique et non d'une philosophie. On ne les pense pas, *on les fait.*

Par exemple, c'est toujours par l'effort et jamais par le repos qu'il convient de combattre la fatigue mentale (pas la fatigue physique). Lorsque l'esprit est las, déprimé, épris de vagabondage ou de rêverie, ne flanchez pas. Redoublez d'effort et de concentration.

Aucune évanescence spirituelle ne résiste à une heure de concentration. Vous serez alors plus lucides, plus calmes, plus pénétrants.

*

Chaque fois que vous êtes abattu en raison de la tristesse de la condition humaine, essayez d'oublier votre propre personne. Essayez de regarder la vie *comme si vous n'existiez pas.* Mais pas de l'imaginer à partir d'un autre point de vue (par exemple, « que penserais-je du monde si j'étais un vagabond, ou un mineur de fond? »). Car ce sont des points de vue *personnels* et ils engendrent toujours la tristesse.

Essayez de vous dépersonnaliser *en imagination*, dans une projection irréelle, fantastique, que vous obtiendrez grâce à votre temps intérieur, mental. C'est un exercice très difficile, car il faut éviter à la fois une synthèse abstraite et la réédition d'un point de vue personnel.

On dit que l'imagination est ce que notre personnalité a de plus libre. Cependant, à une analyse approfondie, elle apparaît très souvent comme une faculté lourde, terre à terre, limitée par beaucoup de superstitions et par d'innombrables clichés. Elle fonctionne toujours selon un point de vue personnel. Au lieu d'imaginer nos propres possibilités, nous imaginons les possibilités personnelles d'autrui : celles d'un roi, d'un milliardaire, d'une star, d'un grand aventurier, etc.

Pour réussir à nous ignorer nous-mêmes, nous avons donc besoin d'une imagination puissante, nous permettant d'appréhender la vie directement, affranchie de ses limites, de ses valeurs et de ses personnalisations.

Les gens sans imagination sont les plus malheureux et tristes. Ils ne peuvent pas s'oublier eux-mêmes, ils ne peuvent pas échapper au fardeau de leur individualité.

Pensez au baume (et en même temps au lucide instrument de connaissance) que représente la possibilité de contempler des wagons chargés de troncs d'arbres, de pierres, de sel, de pétrole, autant de matériaux que les trains emportent à la ville pour chauffer, bâtir, pour dissiper l'obscurité. Regardez un tel train de marchandises et comparez ensuite vos tristesses personnelles à ces faits si « bruts », mais si objectifs!

Si la faculté d'imagination dépersonnalisée dont je parlais était plus profonde et plus développée, il y aurait très peu de gens tristes. Mais nous ne savons pas appeler au secours les forces bénéfiques qui nous entourent; nous ne savons pas communiquer avec les forces de la joie et de la lumière. (Ainsi, nous autres qui vivons au XXe siècle, nous avons une conception bizarre et faussée de la richesse. Une histoire des conceptions de la richesse mettrait en évidence les étapes au cours desquelles l'homme s'est séparé de la nature, a rompu sa collaboration avec les forces victorieuses et favorables de la terre, a oublié que la richesse était *un devoir* de la vie humaine, parce que la richesse ajoute quelque chose à la nature, elle la complète, elle la parachève.)

*

Essayez de ne pas penser à vous. Essayez de vous transformer en ciboire recueillant une autre vie, plus pleine, plus humaine. Lorsque vous avez quelque chose à faire, pensez à ce qu'il faut faire et non à qui le fait. Ignorez furieusement le fruit de vos actes. Ne vous intéressez pas aux éloges, aux récompenses, aux prix. Ce que vous avez réalisé, oubliez-le aussitôt.

Ne renoncez jamais à vous pour un homme, aussi grand, sublime, extraordinaire fût-il. Renoncez toujours pour un fait, pour une idée, pour quelque chose de concret.

Celui qui réussit à dépasser l'orgueil, l'humilité, le remords, la vengeance, la haine, celui-là seul peut devenir un homme nouveau. Qu'il ne souffre jamais pour une défaite personnelle; qu'il se moque de l'opinion publique; qu'il ne haïsse pas celui qui lui est injustement passé devant! Et, surtout, qu'il n'ait pas de mémoire personnelle, c'est-à-dire la mémoire sentimentale, nostalgique, dans laquelle les actes ne sont pas consommés, les hommes ne sont pas oubliés, les douleurs et les joies ensemencent d'autres actes inutiles.

Qu'il crée une mémoire impersonnelle appréhendant la vie dans sa totalité et surtout dans son geste fertile. Une mémoire ne gardant pas les sentiments adhérant à un fait, mais le fait lui-même. Une mémoire ne gardant pas les hommes, mais le signe sous lequel ils se meuvent.

*

La pire tristesse est due au sentiment du temps, à une relation avec le monde à travers le tissu du temps, du devenir, du passage, de la mort pendant la vie. L'existence nous paraît désespérée surtout quand nous la voyons comme une course à la mort; quand nous comprenons que chaque heure est une morsure de plus dans l'île incertaine qu'est notre vie; quand nous sentons passer le temps, les joies les plus extatiques étant tristes parce qu'elles sont fugaces.

Apprenez donc à ignorer le temps, à ne pas craindre ses implications. Supprimez toute trace de mémoire sentimentale, supprimez les contemplations évanescentes, les souvenirs d'enfance, les regrets, les automnes, les fleurs pressées, les nostalgies.

Essayez de concevoir la vie telle qu'elle est : sous le signe du *hasard* (« l'événement » de la philosophie, ce que les réalistes anglais appellent *the event*). Surtout sans continuité, sans ponts (qui engendrent les sentiments, les regrets, etc.), sans *temps personnel*, ce lien sentimental que crée l'individu entre les divers événements qui se succèdent.

Lorsque vous passez d'une chose à une autre, d'un état d'âme à un autre, dites-vous que c'est par hasard qu'ils se succèdent dans le vécu d'un seul et même individu : ils auraient pu se répartir chez des personnes différentes.

Ne créez pas de mémoire sentimentale, ne gardez pas l'état de décomposition d'une chose (état qui existe toujours jusqu'à l'instauration de la chose suivante). Ce que je nommais ci-dessus « le temps personnel » est *l'intervalle* entre les événements, qui nous fait souffrir le plus et dont le souvenir nous fait contempler tristement l'existence (car il nous rappelle sans cesse que tout est passager, que rien n'est permanent, que c'était mieux « avant », etc.).

Apprenez à concevoir une autre éternité que celle du temps, de l'histoire. Alors, « les passages », « les changements » ne feront plus mal. Alors, seul comptera le hasard.

NE PLUS ÊTRE ROUMAIN!

Une nouvelle mode est apparue chez les jeunes intellectuels et écrivains : ne plus être roumain, regretter de l'être, mettre en doute l'existence d'une spécificité nationale et même la possibilité d'une intelligence créatrice de l'élément roumain. Entendons-nous : ces jeunes-là ne dépassent pas le cadre national pour sentir et penser selon les valeurs universelles; ils ne disent pas : « Je ne suis plus roumain parce que je suis avant tout un homme et que je pense uniquement suivant ce critère universel et éternel. » Ils ne méprisent pas le roumanisme parce qu'ils sont communistes ou anarchistes ou membres de je ne sais quelle autre secte socialo-universelle. Non. Ils regrettent tout simplement d'être roumains, ils préféreraient être (ils l'avouent) n'importe quoi d'autre : chinois, hongrois, allemands, scandinaves, russes, espagnols. Tout, sauf roumains. Ils en ont par-dessus la tête de leur destin : être et rester roumains. Alors, ils cherchent toutes sortes d'arguments (historiques, philosophiques, littéraires) pour prouver que les Roumains forment une race incapable de penser, d'être héroïque, de philosopher, de créer dans les arts...

L'un d'eux doute tellement de la réalité d'une nation roumaine guerrière qu'il se propose de lire l'*Histoire de l'Empire ottoman* de Hammer pour vérifier si, vraiment, les Roumains ont jamais combattu et vaincu les Turcs! Un autre pense qu'aucun des esprits qui comptent dans l'histoire et la culture roumaines n'était d'origine roumaine. Cantemir, Kogălniceaunu, Eminescu, Hasdeu, Conta, Maiorescu, Pârvan [1] sont tous, absolument tous, des étrangers. Ils sont slaves, juifs, arméniens, allemands, n'importe quoi; mais *ils ne peuvent pas être roumains*, parce que les Roumains ne peuvent pas créer, ne peuvent pas juger; les Roumains sont adroits et malins, mais ils ne sont ni des penseurs ni des créateurs.

Si l'on prononce un nom indubitablement roumain, on se heurte à d'autres arguments. Il est originaire d'Olténie? Il a du sang serbe. De Moldavie? Elle est slavisée tout entière. De Transylvanie [2]? Il a du sang hongrois. Je connais quelques Moldaves qui disent fièrement : « J'ai du sang grec! » Ou : « Mon aïeul était russe! » Leur seule chance d'être des hommes véritables : se prouver que leur origine n'est pas purement roumaine.

Je ne crois pas qu'il existe un seul autre pays européen où autant d'intellectuels aient honte de leur peuple et cherchent si frénétiquement à lui trouver des défauts et à se moquer de son passé, où ils crient sur les toits qu'ils préféreraient appartenir, de naissance, à un autre pays.

Les jeunes intellectuels dont je parle font des reproches à la roumanité. D'abord, disent-ils, les Roumains sont malins et ainsi ils échappent aux drames intérieurs et à la connaissance des profondeurs de l'âme humaine, ils se débarrassent des problèmes. Qui n'a pas de

1. Intellectuels fondateurs de la culture roumaine. *(N.d.T.)*
2. Olténie, Moldavie, Transylvanie – trois des grandes provinces de la Roumanie. *(N.d.T.)*

problème psychique, qui ne souffre pas d'insomnie à cause de ses méditations et de ses agonies, qui n'arrive pas sur le seuil de la folie et du suicide, qui ne devient pas neurasthénique pour dix ans, qui ne hurle pas : « Néant! Agonie! Vanité! », qui ne se tape pas la tête contre les murs pour connaître « l'authenticité », « la spiritualité » et « la vie intérieure », celui-là ne peut pas être un homme, il ne peut pas appréhender les valeurs de la vie et de la culture, il ne peut rien créer. Les Roumains sont adroits, malins – quelle horreur! Où cela peut-il les mener? A quoi bon pouvoir connaître superficiellement la réalité si l'on n'a pas la faculté d'imaginer des problèmes, si l'on n'a pas la maladie permettant d'apercevoir la mort et l'existence, si l'on n'a pas les éléments mêmes du drame intérieur?

Ces jeunes intellectuels reprochent à leur peuple de ne pas avoir de drames ni de conflits, de ne pas se suicider par désespoir métaphysique. Ils ont découvert toute une littérature européenne traitant de la métaphysique et de l'éthique du désespoir. Or, celui-ci étant un sentiment qu'ignore le peuple roumain (qui, malgré tant d'hérésies, religieuses ou laïques, est resté fidèle à l'Église orientale), ils en ont déduit que c'était un peuple irrémédiablement stupide. Rien n'a de sens, de valeur philosophique ou humaine, qui ne se trouve chez Pascal, Nietzsche, Dostoïevski ou Heidegger (ces génies qui ont élaboré une pensée à laquelle est imperméable la structure de la pensée roumaine), rien, sauf s'il se trouve dans la folie d'un malheureux Allemand, dans les visions d'un Russe ou dans les pensées d'un catholique doutant perpétuellement.

Nourris de lectures européennes, imitant des drames européens, recherchant à tout prix une spiritualité d'allure occidentale ou russe, les jeunes n'ont rien compris au génie du peuple roumain, qui a bien des travers et des péchés, mais qui brille par son intelligence et sa sensibilité. Ils ont réagi contre le courant suscité il y a dix ou douze ans par les périodiques *Gândirea* et *Ideea Europeană* (Pârvan, Lucian Blaga, Nae Ionescu, Nichifor Crainic; les origines se retrouvent dans les cours et les publications de N. Iorga), courant qui avait proclamé « l'autochtonie » et « la spécificité ethnique » dans l'art et la pensée et qui avait esquissé la première des philosophies orthodoxes en créant une typologie roumaine. Les causes de cette réaction (purement spirituelle d'abord, pour se transformer ensuite en nihilisme total, en négation de l'histoire, en relativisme culturel, en dissolution des concepts critiques, etc.) sont beaucoup trop intéressantes et trop proches de nous pour que je les analyse dans cet article. Je n'essaie d'ailleurs pas d'étudier l'ensemble du phénomène que j'appelle « ne plus être roumain », mais seulement de dénoncer quelques-unes des aberrations de la dernière mode intellectuelle.

Ceux qui sont désespérés d'être nés roumains se trompent sur les qualités et les défauts de leur peuple. Ils veulent des problèmes, des doutes, de l'héroïsme, alors que le peuple roumain ignore le doute et a une conception familière du héros. Ils attribuent *à la foi et au doute* une valeur philosophique ouvrant des voies à la méditation et posant des problèmes, alors que le paysan roumain ne doute pas, il croit naturellement (« comme coulent les rivières, comme poussent les fleurs »), sans « problèmes » (il est réaliste; pensez à ses proverbes pour comprendre ses réactions contre l'idéalisme et le criticisme des peuples avec lesquels il est entré en contact).

Les intellectuels ont une conception morale ou magique des *héros*, dans un cas comme dans l'autre un jugement individualiste, voire démoniaque. J'ai montré ailleurs [1] que le peuple roumain voyait ses héros de la même façon que les personnages bibliques et apostoliques : il les voit vivre au paradis comme dans le terroir roumain, vaquer à leurs affaires comme

1. Dans un petit article paru dans le journal *Cuvântul* sous le titre « Les Roumains et les Héros de la Nation » et que je republie ci-dessous parce qu'il aide à faire comprendre une question trop mal connue.

Une revue estivale a offert aux psychologues un épisode qui illustre admirablement l'attitude des Roumains envers l'histoire. On voit apparaître sur la scène les deux grands héros de la nation, Michel le Brave et Étienne le Grand. Le parterre les a salués par des applaudissements et de la bonne humeur; car les deux grands hommes n'apparaissent pas dans une atmosphère solennelle, shakespearienne, prophétique – ils apparaissent en chair et en os, sur une scène moderne, ils se parlent et se donnent l'accolade comme deux hommes vivants et de bonne compagnie, tels que les ont toujours vus *les Roumains.*

Un confrère a jugé bon de condamner cette « impiété » envers l'histoire de la nation. Je trouve, moi, que c'est révélateur quant à l'attitude saine et humaine du public roumain à l'égard de l'histoire. Pour nous, les héros de la nation sont vivants et présents, avec toutes les petitesses (apparentes) de l'homme de la rue. La solennité est bonne pour le 10 mai (à l'époque, fête nationale de la Roumanie – N.d.T.). *Pendant tout le reste de l'année, le Roumain a, envers les grandes figures et les grands moments de son histoire nationale, une attitude que j'appellerai communicative. Il n'est jamais gêné de côtoyer un héros. Pour lui, nos voïvodes furent des hommes braves qui craignaient Dieu, mais des hommes. Leur mort fut un passage dans l'autre vie, mais pas une transfiguration, pas une perte de la présence humaine. Lorsqu'il est évoqué, Michel le Brave n'apparaît pas comme un roi Lear; il ne parle pas comme une pythie; rien de mystérieux, rien de lugubre, rien de tellurique ni de céleste dans les rapports des Roumains avec leurs Héros. Étienne le Grand et Tudor Vladimirescu* (patriote roumain, 1780-1821 – N.d.T.) *sont ressentis comme proches et, surtout, comme vivants; proches charnellement, chaleureusement, dans une relation d'homme à homme et non d'esprit à homme.*

Ils ne sont pas des hiérophantes, ils sont « l'un valaque et l'autre moldave » (allusion à Mioriţa, ballade folklorique roumaine – N.d.T.). *Ils n'ont pas les lèvres scellées par le secret de la vie dans l'au-delà, ils restent liés aux champs, aux soucis et aux épreuves de la nation. Dans la mort, ils restent roumains.*

Cette attitude à l'égard de l'histoire ne fait que compléter l'attitude tout un chacun, descendre sur terre quand les temps sont durs et parler aux gens un langage familier, etc. Les héros tels que les conçoit le peuple sont sans commun rapport avec les héros tels que les imaginent les jeunes intellectuels. Dans le premier cas, il s'agit d'un héroïsme conféré par la vie sociale; dans le second, d'un héroïsme éthique, fait de problèmes, de drames et de conflits.

En outre, les jeunes intellectuels jugent toujours les peuples sur ce qu'ils créent, au lieu de les juger sur ce qu'ils sont, sur leur survie. « Créer » est une conception individualiste; « être » comme l'a voulu Dieu est

globale des Roumains envers ce qui les dépasse, envers les miracles et les héros. Lorsqu'un paysan roumain vous parlera de la Sainte Vierge, ce ne sera ni la Mater Dolorosa *des Occidentaux, ni la* Petite mère *en lamentations des Russes; ce sera une maman des bons jours, avec ses grandes douleurs secrètes, avec son amour inavoué, avec sa grande fierté pour son Fils. La douleur de la Sainte Vierge est celle de n'importe quelle paysanne dont le garçon est mort. Et les saints, ne sont-ils pas descendus tant de fois sur la terre roumaine? Les Roumains savent-ils quelque chose des guerres saintes, du Saint-Sépulcre ou de la soif qu'avaient les Occidentaux de se rendre maîtres de la Terre sainte? Non. Ils savent que la Roumanie est un pays chrétien qu'ont visité de nombreux envoyés du Ciel et qui doit être défendu contre les métèques païens.*

*Les grands voïvodes roumains sont simplement bénis par le Ciel. Ils ne sont pas des figures titanesques, des démiurges; ils ne sont pas des « héros » réussissant parce qu'*ils le veulent *et s'éloignant tellement du commun des hommes qu'on ne peut les approcher que par la mystique. La personnalité des voïvodes est un don du Ciel, pas une individuation. Ils furent grands et braves tout comme le chêne est majestueux et la fleur parfumée : Dieu les a créés ainsi. Ceux qui parlent de l'indifférence du peuple roumain à l'égard de la religion ne savent pas ce qu'ils disent. Le christianisme roumain n'implique ni moralité ni mystique, mais une âme en communion avec la Nature.*

Que les héros de la nation apparaissent sur la scène d'une revue estivale n'est donc pas impie. C'est au contraire réconfortant et éducatif. Car, ainsi, ils participent à nos soucis d'aujourd'hui et nous font comprendre qu'ils sont bien petits et passagers par rapport aux leurs.

l'axe véritable de « la spiritualité » du peuple; rien ne se crée, rien ne se fait; les choses vont et viennent, cela *se passe* [1] ainsi. Mais c'est là un problème trop compliqué pour que j'essaie de le résoudre ici.

Il est vrai que le peuple roumain a de nombreux péchés, il est vrai que beaucoup d'axes nous manquent, mais telle est notre condition humaine, telles sont nos possibilités d'atteindre à l'universalité. Nous pouvons les prendre pour point de départ et nous pouvons tout aussi bien les ignorer purement et simplement. Quoi qu'il en soit, nous ne serions ni chevaleresques ni efficaces si nous avions honte d'être nés roumains, et cela pour la seule raison que nous ne trouvons pas dans les valeurs roumaines celles de Chestov ou de Dostoïevski.

1. M. Eliade écrit *se întîmplă*, verbe qui a en roumain une forte connotation de « hasard ». *(N.d.T.)*

COMMENTAIRES SUR L'HOMME NOUVEAU

J'ignore quel est le premier devoir de l'homme. Mais l'un de ses devoirs indiscutables consiste à être présent, à coïncider avec la vie. Vivre dans le présent, voilà une chose dont on a beaucoup parlé et qui est au fond très facile à comprendre, mais très difficile à réaliser. Car elle ne signifie pas vivre les superstitions du présent, suivre *la mode*. Celle-ci est aussi une forme de l'histoire, mais de l'histoire *consommée*, elle est la vie réalisée dans une forme figée, à la promotion de laquelle ont collaboré de très nombreuses causes et qu'ont alimentée de très nombreuses forces, mais qui dorénavant *se réalise*, c'est-à-dire qu'elle se consomme.

Vivre dans le présent signifie entrer en conctact directement et intimement avec les forces *irréalisées*, informulées; vivre l'histoire qui *se fait* et non pas celle qui se consomme. Par exemple, la révolution russe est aujourd'hui la réalisation de forces qui étaient vivantes il y a vingt ou trente ans, lorsque furent semées les idées et les intuitions de la nouvelle société. L'intuition de *l'homme nouveau* qu'eurent les pères de la révolution russe était de l'histoire vivante, de l'histoire en marche. Les formes de la société russe actuelle sont des manifestations de l'histoire consommée. Elles deviennent une « mode », un « type », elles sont des cadres donnés, imposés à l'individu et non issus des forces informulées de l'âme collective.

Pour les hommes qui s'efforcent de réaliser effectivement le présent authentique, de coïncider avec l'histoire en marche invisiblement autour d'eux, l'heure à laquelle ils vivent réclame indubitablement, avec autant de force que d'urgence, un *homme nouveau*. Un homme affranchi des superstitions laïques, beaucoup plus dangereuses que les superstitions religieuses, dont l'ont délivré de précédentes révolutions. Un homme regardant les réalités en face et ne fuyant pas la vie (surtout, ne fuyant pas « les compromis » nécessaires de la vie [1]). Un homme dont on peut dire fort peu de choses *maintenant*, qui n'est pas formulé et ne peut pas l'être, mais dont nous avons l'intuition, que nous attendons et que nous pressentons, tout comme étaient pressentis « l'homme nouveau » de l'époque d'Alexandre, ceux du christianisme, de la Renaissance, de la Révolution française.

Tout ce qu'on peut en dire de précis, c'est qu'il *doit* venir, prendre corps. Autrement, l'histoire s'écroulerait, l'humanité s'écroulerait. A la veille de « l'homme nouveau », les sociétés qui ne voulaient pas changer en le réalisant ont toujours eu l'impression qu'elles s'approchaient de la fin du monde, de l'arrêt de l'histoire ou du début de la décadence. Il y a toujours eu une apocalypse qui annonçait l'homme nouveau : Socrate avant Alexandre, la reviviscence prophétique avant le Christ, Joachim de Flore avant la Renaissance, Rousseau avant la Révolution française, Dostoïevski avant la Révolution russe. Depuis quelques années, l'attente de l'Homme Nouveau est devenue frénétique.

1. Je m'explique : « compromis » signifie appréciation juste, réalisme, objectivité. Qu'on ne demande plus de l'absolu là où la réalité ne peut pas l'accepter : par exemple, dans la politique, dans la vie sociale, etc.

Changements, vengeances, bouleversements, tout ce qu'on annonçait, on l'attend du Grand Chambardement.

Il ne sera sans doute ni le dernier ni le meilleur, mais il serait intéressant d'en observer les conséquences. Par exemple, la nouvelle valeur acquise par le Sexe, les potentialités inédites attribuées à cette fonction neutre. La réforme de la morale sexuelle est le premier signe d'une attente : celle d'une vie nouvelle, purifiée. D'ailleurs, les tendances modernes convergent vers une conception purificatrice du sexe : le sexe – témoignage, le sexe – expiation. Dans la nouvelle morale sexuelle, la frivolité disparaît pour céder la place à la pureté; la volupté retourne à l'énergie naturelle, témoignage et purification de la vie.

La primauté du sexe dans la culture et la civilisation modernes a été interprétée d'une manière erronée. Il ne s'agit pas d'une dégénérescence, mais d'une régénération : d'un retour à la vie. Cependant, on ne le sait que trop, la vie est difficile à comprendre, bien qu'elle ne soit pas difficile à exprimer. Sa première forme accessible aux êtres humains est le sexe. Un désir de maximiser la vie se manifeste toujours par une primauté (neutre) du sexe. De là, tout le symbolisme sexuel – qui n'est qu'un témoignage de la vie, de la naissance, de la génération et de la régénération – si mal compris par les modernes.

*

L'homme nouveau qu'on attend, l'histoire en marche – qui peut le mieux les réaliser? Qui peut expérimenter réellement, personnellement, les nouvelles conditions de vie du moment, appelées à se transformer plus tard en conditions sociales rigoureuses, bien délimitées?

La réponse à cette question résout aussi un problème

longuement discuté : *le spirituel* et *le politique*, l'histoire vivante et l'histoire réalisée, l'action et la force.

Qui vit authentiquement dans *le présent*? Celui qui est animé par les certitudes du monde à venir, à la construction duquel il contribue en pensée et en actes, ou celui qui vit dans l'heure, dans l'instant, proie de toutes les forces en jeu, entraîné dans toutes les actions semées il y a longtemps (et qui, maintenant, ne font que porter leurs fruits)?

Pensez aux époques de l'histoire où l'homme nouveau a été pressenti par quelques-uns, puis réalisé par les plus nombreux; où l'espèce humaine a véritablement changé. Qui *faisait* l'histoire? Ceux qui l'expérimentaient spirituellement ou ceux qui la comprenaient politiquement? L'homme nouveau de l'époque d'Alexandre était fondé sur une nouvelle conception de la vie, sur une éthique révolutionnaire. « Il les incitait tous à voir le monde comme leur patrie, à traiter en frères ceux qui sont bons et en étrangers ceux qui sont mauvais. » (*Le Sort d'Alexandre* du pseudo-Plutarque, I, 6.) De « Grec » et « barbare » à « bon » et « mauvais ». Cette révolution dans les valeurs spirituelles fut nécessaire pour que l'Europe pût réaliser politiquement la victoire d'Alexandre. La langue universelle (la koinè), les lois universelles, le costume universel n'étaient pas possibles avant cette révolution spirituelle : la suppression du binôme grec-barbare. Mais qui comprit et expérimenta cette révolution? Qui furent les premiers à réaliser l'homme créé par Alexandre? L'histoire est riche en détails sur cette question : seuls les vrais esprits, « les philosophes », « les hommes aux épaules libres » (les hommes de la tour d'ivoire, dirait-on aujourd'hui).

Je n'analyserai pas ici l'intervention du christianisme actif dans l'histoire. C'est probablement alors que fut précisée pour la première fois au monde la différence entre *action* et *force*, que fut démontrée l'essence active, dynamique, créatrice de l'esprit. De l'esprit qui ne fait qu'un avec la vie; de l'esprit qui est le créateur de l'histoire.

La révolution que représentèrent les premiers missionnaires chrétiens – le remplacement de l'ancienne économie « politique » par une économie spirituelle (l'acte d'amour au lieu de l'acte juste; l'action intime au lieu de l'action sociale, juridique) – fut accomplie par des gens qui croyaient à « la primauté de l'esprit » et à la rédemption, par des gens qui avaient la foi. Ce furent toujours des gens pareils qui firent la grande histoire, l'histoire vivante. L'homme nouveau fut d'abord réalisé par une élite, par une minorité, et fut ensuite « consommé », imité par la majorité.

La Renaissance ne fut pas prévue par les humanistes, elle le fut par un visionnaire calabrais, Joachim de Flore, qui prônait un homme nouveau, l'Homme de l'Amour et de la liberté, à la place du chrétien du Moyen Age (l'homme moyen). Tout ceci commence maintenant à être bien connu. Il est donc inutile d'insister sur les origines des deux révolutions politiques, la Révolution française et la Révolution russe.

Toute grande révolution commence par une primauté du spirituel, aussi paradoxale que cette affirmation paraisse. Autrement, ce ne serait pas un Homme Nouveau qui apparaîtrait, mais le plus ancien des hommes (et d'ailleurs le plus attrayant), le Barbare.

CINQ LETTRES A UN PROVINCIAL

I. L'heure des jeunes?

Lorsque le concierge m'a remis l'enveloppe, j'ai tressailli étrangement. Je reconnaissais votre écriture et j'attendais impatiemment le moment de lire cette lettre lourde, tourmentée, triste sans raison. Vos messages ne sont pas une nourriture quotidienne. Vous avez une façon brutale d'exiger une réponse, comme si votre volonté de survivre en dépendait. Lorsque vous posez une question, on dirait que vous appelez au secours, que vous étouffez. Je me demande comment on peut encore dormir après avoir écrit une lettre pareille.

N'ayant plus eu de vos nouvelles depuis plusieurs années, je croyais que vous aviez dépassé ce que j'appelais (non sans une certaine ironie) le sentiment catastrophique de la vie. Je croyais que vous aviez trouvé, disons... l'axe de votre existence, que vous pourriez vous mettre en route avec moins de fébrilité, sans être obsédé par l'arrivée d'une catastrophe qui changera la loi du monde et le plasma de votre vie intérieure.

Je me trompais, certes, mais je ne le regrette pas. Je vous retrouve pareil au bout de trois ou quatre ans : acharné et pourtant mélancolique, en colère contre les choses mais surtout contre vous-même, réclamant et menaçant dans la prose la plus incendiaire que j'aie lue en roumain, ne trouvant jamais votre place et souffrant stupidement de ce rare privilège. Ni les voyages ni les études ne vous ont apaisé. Et, ce qui est vraiment magnifique, vous gardez toujours l'anonymat, vous ne voulez à aucun prix sortir de l'obscurité dans laquelle vous luttez et saignez inutilement. Vous êtes écrivain et vous n'avez pas publié une seule page. Vous avez réfléchi plus que n'importe lequel d'entre nous et vous n'en avez fait part à personne, sauf à deux ou trois amis (tous sylviculteurs!) et, par hasard, à moi. Vous agissez ainsi volontairement, mais vous en souffrez; vous regrettez de ne pas publier, de ne pas parler, de ne pas connaître certaines personnes. Cette bizarrerie m'effraie et m'attire. Alors que vous ne manquiez de rien pour vous singulariser, vous m'écrivez pour vous plaindre d'être inutile, de ne trouver aucun travail à effectuer, de mener une vie de chien, pas seulement parce que c'est la seule qui vous convienne, mais aussi parce que vous ne pouvez pas en bâtir une autre.

Bref, vous qui êtes si jeune et si aguerri, qui avez tenté toutes sortes d'expériences simplement pour vous convaincre que vous étiez vivant, vous vous plaignez aujourd'hui de la société roumaine, vous déplorez qu'on ne vous demande rien, vous vous affligez de gaspiller vos forces, vous craignez de finir dans la fatigue ou le ratage par la faute des vieux. J'ai lu avec un serrement de cœur cette partie-là de votre lettre. Cher ami inconnu, je pense que vous n'avez nullement le droit de vous lamenter ni d'envier nos devanciers, ceux qui sont installés dans les biens et la culture. Pour la simple raison que les vivants n'ont pas le droit d'insulter ou d'envier les morts. Elle est si évidente, la mort de ces gens qui vous irritent, il est si triste, le spectacle de leur décomposition publique, on les plaint si spontanément, ces pauvres fantoches, ces pauvres légumes universitaires sans vie, sans éthique, sans la moindre étincelle créatrice dans tout leur immense gribouillage, que je vous en veux, oui, je vous en veux parce que ces flammeroles de la pourriture peuvent un instant arrêter votre regard et susciter votre envie.

Cher ami, il n'y a sans doute pas de souffrance plus vive que celle d'être obligé de vivre parmi des morts, comme il nous est donné de le faire. De vivre dans une plaie énorme, où nous ne pouvons même pas crier notre joie de souffrir, car une pudeur naturelle nous empêche de chanter la vie auprès de tant de charognes. Mais vous ne devez pas non plus vous plaindre. Vous ne devez pas vous plaindre d'être vivant, de vous débattre quand on vous enfonce, quand on vous tape sur la tête. Vous êtes ainsi un privilégié. Vous souhaitiez tellement des expériences. Voilà, vous en avez eu; et vous en aurez d'autres si vous voulez vivre et croître. Voudriez-vous déjà arrêter? Seriez-vous las après seulement cinq ou six ans de défaites? Voudriez-vous *arriver*? Ce serait terriblement grotesque. Car, si vous êtes réellement jeune et vivant, il serait absurde de chercher une aide extérieure, d'assujettir votre dynamique personnelle et votre création à un bout de pain, à un confort quelconque, à un nom ou à un livre publié. Cela signifierait que votre liberté, votre fierté de souffrir, votre désir de vous élever et de créer n'étaient que des effusions rhétoriques, livresques, à la D'Annunzio; que vous n'êtes en fait qu'une pauvre ombre ayant brillé quelque temps sous des lumières d'emprunt, ayant agonisé dans des drames factices et ayant créé dans le vide, à partir de réminiscences et de nostalgies.

Voyez-vous, il y a certaines choses qu'on n'ose guère dire et qu'il faut pourtant murmurer, afin que ceux qui nous sont vraiment proches les entendent. Par exemple, que ce qui arrive à la jeunesse d'aujourd'hui est naturel et opportun. Le tourment permanent, l'exclusion de plus en plus sévère, la perversion habile de certains d'entre nous représentent un sacrifice de notre génération. Un sacrifice pas moins sanglant que celui de la génération qui nous a précédés, qui a fait la guerre. Certes, de nombreux jeunes ont péri alors, et pas des moindres. Certes, beaucoup d'entre nous vont périr aussi; quelques-uns ont déjà succombé sous nos yeux : engloutis par le marécage, empoisonnés par l'immoralité, étouffés par des dogmes, ossifiés, momifiés. Ce sont des morts que nous regrettons, qui nous peinent. Mais nous les laissons derrière nous parce que cela est naturel, cela est beau. Oui, il est admirablement beau d'abandonner les morts en route. Je trouve véritablement grandiose la sérénité avec laquelle nous sommes contraints de regarder ces pertes douloureuses, ces décompositions publiques, ces trahisons. Rester vivant est plus magnifique que tout, quelles que soient les douleurs qui nous attendent en chemin, quelle que soit notre destinée.

Une chose me chagrine dans votre lettre : j'y devine (j'espère me tromper) que vous avez peur de vivre à fond, peur de la souffrance quotidienne, pas héroïque, mortifiante et minime, peur de la résistance de la vie face à la mort. Je ne sais comment écrire pour vous transmettre ne fût-ce qu'une étincelle de la joie sincère d'être vivant. Je voudrais vous écrire autrement que je dois le faire plusieurs fois par semaine. D'homme à homme, de jeune à jeune. Partager avec vous comme avec un vieux camarade une envie effrénée de vivre, de se découvrir chaque matin plus disponible pour de hauts faits, prêt à repartir de zéro pour redresser la barre, et puis cet étonnement victorieux : voir à chaque pas des gens morts, secs, robotisés, poussiéreux, abstraits, immoraux, fatigués, hallucinés, fantomatiques, des milliers et des milliers de formes de la mort effrayante dans laquelle nous vivons.

Vraiment, je me demande ce que vous voulez, pourquoi vous attendez un conseil de moi ou d'un autre. Comment pouvez-vous croire que quelqu'un d'ici, de la capitale, pourrait changer quoi que ce soit au rythme merveilleux de la vie que vous êtes appelé à mener? Comment avez-vous le temps de vous irriter contre ce qui se passe en dehors de vous et qui ne peut pas vous intéresser, qui ne peut pas vous tuer, car ce sont de pauvres reliques inertes, dont le seul danger réside dans le nombre et la toxicité? Craignez-vous les bulles de savon des puissants? Enviez-vous le vide des illustres personnages de notre culture? Allons donc!...

II. Pourquoi faire de la philosophie?

Permettez-moi de citer ces quelques lignes extraites de votre dernière lettre : *J'ai toujours aimé comparer le philosophe à un homme dont le petit chien aurait envie de jouer, mais qui le tiendrait serré sur ses genoux et se demanderait : Quel miracle m'a placé devant ce petit chien? Mes sens ne m'abusent-ils pas? Et, sinon, je voudrais en savoir plus, savoir s'il a une âme comme moi, s'il est méchant ou gentil, s'il a des crises de conscience, s'il a son libre arbitre. Accaparé par cette problématique fascinante, l'homme pose l'animal par terre et se met à méditer. Je ne connais pas la suite. Le petit chien est peut-être devenu grand et s'en est allé sans que l'homme s'en aperçoive...*

Le jour même où j'ai lu et savouré votre lettre, j'ai rencontré dans la rue un ami philosophe. Je lui ai dit : « Les penseurs se sont évertués jusqu'ici à comprendre le monde d'un autre point de vue que celui de la connaissance immédiate. Ils ont créé une problématique de l'existence et ont ensuite passé leur temps à essayer de la résoudre. Pourquoi n'acceptent-ils pas le monde comme allant de soi, après quoi ils iraient de l'avant et le compléteraient par la pensée? Pourquoi ont-ils cherché le sens de la pensée *seulement* dans la reprise et l'actualisation dialectiques de la création, alors que la pensée pouvait mener à autre chose (par exemple, à une coïncidence avec la création, à la création proprement dite, à une collaboration efficace avec la vie)? »

Mon ami m'a fait remarquer qu'on trouvait ces questions chez Häberlin, qui accepte lui aussi le monde comme allant de soi *(Selbstverständlichkeit)*. Comme quoi vous avez encore à lire avant de vous permettre de renier la philosophie. Mais il n'a pas répondu à vos questions, que j'avais résumées de mon mieux. J'oserai d'autant moins le faire. Si je vous écris cette lettre, c'est seulement parce que vos doutes m'ont amené à faire quelques réflexions qui vous intéresseront peut-être.

Je ne sais pas comment vous posez le problème mais, pour moi, tout le drame de la philosophie se résume au conflit suivant : d'une part la soif, la soif presque organique qu'a la pensée de rendre compte de tout, de tout enchaîner selon un seul principe consistant, de conférer un caractère cosmique à notre entendement (c'est-à-dire de trouver l'axe autour duquel tout s'harmonisera dans notre âme, à la manière dont tout s'harmonise dans le cosmos autour de l'axe idéal) et, d'autre part, le sentiment de la mort, l'intuition terrifiante de courir vers elle, d'être déjà mort à chaque instant, car la mort est une « expérience indifférenciée » durant toute la vie, mais elle peut se transformer n'importe quand en expérience finale, absolue. Quelle que soit la façon d'envisager la philosophie, elle se réduit à l'une de ces attitudes (d'ailleurs généralement humaines) ou aux deux à la fois, dans une permanente agonie prédestinée.

On pourrait croire que l'instinct fondamental de toute philosophie – ce que j'ai appelé ci-dessus la soif de rendre compte de tout, de s'harmoniser avec tout ce qui est alentour, de ne plus être inerte et désaccordé dans la vie, de se pénétrer au contraire du rythme qui irrigue tout – est donc un désir d'accord par la compréhension, qu'il conduit à une vie éternelle et qu'il reste éternellement vivant. Il n'en est pourtant pas ainsi. Tout philosophe doit mourir; non en tant qu'individu, dans la chair, mais en tant que pensée, dans la compréhension. Dès l'instant où il est en parfaite harmonie avec tout, où sa compréhension est définitive (pour lui, bien entendu), où sa pensée devient un système, il se ferme à la vie, ses racines se dessèchent, il meurt. Tragédie assez impressionnante : chercher depuis toujours à s'harmoniser avec la vie environnante en la comprenant et, quand on a accompli ce travail de Sisyphe, mourir. Toutes les philosophies ont pour sort ce suprême ancrage dans la mort. Car c'est une véritable mort que de tout comprendre, de pouvoir tout intégrer dans un système clos, de pouvoir incorporer dans son système personnel même ce qui ne peut l'être nulle part, en le nommant « irréductible », « irrationnel », « élan vital » ou je ne sais quoi d'autre. Lorsque même ces éléments rebelles, qui se refusent à la compréhension, sont arbitrés par elle et distribués chacun à sa place, ne doit-on pas parler de mort, de système, de philosophie?

Il y a certes de la beauté dans cet apaisement souverain, dans cet ensevelissement sous la pierre tombale. Mais les systèmes que bâtissent les penseurs ne sont bons et valables que pour eux, ils représentent la formule personnelle de l'harmonisation de leur monde intérieur avec le cosmos; ils n'aident en rien ceux qui leur succèdent et qui seront obligés de tout reprendre à zéro s'ils veulent vraiment faire de la philosophie et non des livres de philosophie.

Mais si l'on meurt avant? Si l'on meurt en route, comme un chien? A certaines heures au moins, vous avez dû sentir aussi, cher ami, cette course à la mort, cette entrée sûre, « vivante », immédiate et imprononçable dans le néant. Si l'intuition permanente de la mort se transformait soudain en expérience définitive? Voyez-vous, la philosophie peut être, comme on dit, une préparation pour la mort et une consolation pour la vie; mais à condition de savoir qu'on ira jusqu'au bout de sa vie. Autrement, si l'on doit mourir aujourd'hui ou dans un an, la philosophie est seulement un avertissement. Car la pensée est ainsi faite qu'on ne peut comprendre une chose qu'après l'avoir dépassée et harmoniser sa vie qu'après l'avoir perdue.

Alors, pourquoi faire de la philosophie? Je me suis souvent demandé si celle-ci n'était pas une attitude à dépasser, si nous n'avions pas une autre vocation que celle d'harmoniser ce que nous avons embrouillé nous-mêmes avec nos questions sans réponses et notre problématique inutile. Je me suis demandé si ce sacrifice de l'esprit ne s'était pas trop répété dans la culture européenne et si nous ne devions pas aller plus loin. Où, je l'ignore, car personne n'a encore essayé de dépasser l'obsession consistant à « comprendre » la vie pour collaborer avec elle; tout au moins, personne en Europe.

Je ne sais quand s'est installée la superstition du dynamisme de la pensée européenne, de son activisme. Je pense que, au contraire, la pensée philosophique européenne (qui dirige tous ses efforts vers la compréhension de la vie, vers la mort de l'individu dans le suprême *épanouissement** de l'esprit) est une pensée statique, je dirai même contemplative. L'ancrage dans la mort de toutes les philosophies européennes – bien que la plupart en soient inconscientes – devrait être matière à réflexion. Pourquoi personne ne voit que les seules métaphysiques de la vie sont les métaphysiques asiatiques? Pourquoi tout le monde parle du « pessimisme » oriental, du « désir d'extinction » du bouddhisme, de « l'assassinat de la vie » dans les philosophies asiatiques? Pour la simple raison que personne ne les connaît et que chacun répète deux ou trois formules tirées au hasard des livres funestes de la science européenne. Il serait intéressant d'écrire l'histoire de ce mythe, forgé par les Européens pour de multiples raisons. Je tenterais de l'écrire un jour si je ne la savais pas inutile. Car nul ne peut comprendre que la vraie vie dépasse celle qui est enfermée dans l'individu, limitée par son amour, paralysée par sa compréhension. Certaines vies personnelles sont si violentes et trépidantes qu'elles évoquent à merveille la mort. Je ne la vois nulle part plus précisément que dans la vie brûlant à l'intérieur d'un cercle clos. Nous autres, Européens, nous n'avons créé jusqu'ici que de tels cercles de vie; formidables, certes, mais seulement des cercles. Et quand on nous parle d'une autre vie, qui brise les cercles et dépasse l'individu, nous répondons, choisissant la facilité : « extinction ».

Cher ami, je n'arrive pas à retrouver le fil conducteur de cette lettre. Car je vous l'ai écrite du fond du cœur, sans me contrôler, et maintenant, au point de conclure, je m'aperçois que je ne vous ai à peu près rien dit de ce que je voulais. Je vous ai parlé de philosophie et de mort, alors que je voulais vous parler d'autre chose : des mains et des gestes. Ne souriez pas. Avez-vous remarqué les mains des gens, les mains de vos amis, jamais au repos, toujours en train de créer l'espace, de le palper, de se débattre, de *s'affirmer,* des mains humaines, aux formes sans cesse neuves? Il y a des jours où je les observe sans écouter ce qu'on me dit. Et je ne peux m'empêcher de comparer la vie des mains à la destinée des philosophies européennes : toujours en train de s'affirmer, toujours en train de créer des formes neuves, mais toujours en train de se limiter. J'ai rencontré dans ma vie un seul homme dont je n'ai pas remarqué les mains. Et pour cause : cet homme, le plus grand de notre siècle, était un vrai penseur, un de ceux dont la pensée s'en va au loin, par-delà les problématiques et les énigmes.

Apprenez à regarder les mains, mon ami : toute l'Europe parle de leur jeu.

III. De simples suppositions

Je ne sais par quel miracle vous en êtes venu à vous poser cette grande question : « La vérité existe-t-elle? » Ce genre de question est dénué de sens, c'est comme se demander : « La conscience existe-t-elle? L'action existe-t-elle? La mort existe-t-elle?... » Le mot « vérité » est l'un de ceux qui font souffrir certaines gens, non parce qu'il n'y a pas de réalité objective qui lui corresponde, mais au contraire parce qu'il y en a trop. Le malheur, ce n'est pas *qu'il n'existe pas* de vérité, c'est qu'il en existe trop. Plus on avance dans la vie, mieux on comprend que beaucoup de gens ont atteint la vérité et que beaucoup ont raison. Que tout le monde ait raison, voilà qui est presque un destin. Papini déplorait un jour que tous les jeunes Florentins soient intelligents. Moi, je déplore que les gens autour de moi aient tous raison, qu'ils aient tous trouvé une vérité, inattaquable de leur point de vue.

Ne croyez pas que je fasse de la philosophie à bon marché sur ce problème. D'abord, je ne considère pas « la vérité » comme un problème. Les vérités nous sont presque données, comme des objets; notre travail ne consiste pas à les acquérir, mais à les insérer dans une hiérarchie cosmique. Ne vous étonnez pas de rencontrer des gens dépositaires de nombreuses vérités, auxquelles ils ne donnent pourtant ni hiérarchie ni rythme, les laissant dans le chaos. Les vérités ont une vertu : elles ne valent rien quand on les possède isolément, comme par exemple les médecins, les ingénieurs ou les professeurs de sciences naturelles. Chacun d'eux *a raison* et malgré tout chacun illustre un véritable chaos. Ils n'ont pas conféré de valeur cosmique aux vérités, ils les ont reçues toutes prêtes et les ont amassées les unes contre les autres, comme dans un coffre ou un musée; ils en sortent l'une ou l'autre selon leurs besoins ou bien les exposent toutes ensemble derrière une vitrine.

Je me demande souvent ce qui manque à l'homme moderne pour être un homme complet et je pense que c'est justement l'intuition de la hiérarchie cosmique. Chacun de nous est un petit chaos. Nous croyons à la causalité, à la gravitation, à l'évolution, à la lignée des primates, aux atomes, au libre arbitre ou à la fatalité, à l'année de naissance de Michel le Brave, à l'honneur chevaleresque, au progrès, à la Révolution française ou à je ne sais quoi encore. Nous accumulons toute la vie des vérités de ce genre, chose déprimante car chacun d'entre nous *a raison* de les soutenir et de les promouvoir. La tragédie ne réside pas dans le doute, puisqu'on ne peut plus douter de rien ou presque dans cette inflation de vérités inutiles; elle réside dans la violence que ces vérités exercent sur notre conscience et dans notre impuissance à les intégrer dans un ordre cosmique. Nous les acceptons telles qu'on nous les impose, coupées en tranches ou pétries en boules. C'est pourquoi je trouve plus *réel* un paysan – dans la conscience duquel toutes « les vérités » s'harmonisent au sein d'une intuition globale du monde et de l'existence – qu'un de nos civilisés qui possèdent des « vérités » appartenant à une demi-douzaine de cultures, en commençant par l'âge de pierre pour finir par celui d'Einstein.

On trouve dans la conscience de l'homme moderne les superstitions primitives de l'homme des cavernes à côté des certitudes dogmatiques de la science contemporaine. Nous n'avons plus le sens du style, du rythme, de la consistance. Nous sommes baroques, nous ajoutons à chaque structure de notre pensée de base des détails et de petits ornements qui n'auraient eu de raison d'être que dans une structure différente. Rien d'architectonique dans notre pensée, parce que nous ne nous soucions plus de la vie, nous nous soucions seulement de la vérité et des vérités. Nous vivons sans cesse en pleine panique : « Est-ce que je me trompe? Est-ce que j'ai oublié une vérité? Est-ce que je suis dans l'erreur? » Cette panique est inutile parce que, en fait, personne ne se trompe et chacun a raison de son point de vue. Mais tout cela est sans importance. Ce qui est important, ce qui est vital, ce n'est pas de détacher la vérité, c'est de l'attacher à sa propre vie, de l'intégrer en soi. Trouver une vérité ne signifie rien; en disposer peut signifier quelque chose. La vérité et l'erreur sont, quoi qu'on en dise, des objets extérieurs, aussi longtemps que nous les pensons sans les comprendre. (Je veux croire que vous ne confondez pas penser et comprendre : on peut penser sa vie durant toute une série de vérités sans pourtant en comprendre aucune.)

Trouver la vérité (ou les vérités) a été pendant deux

mille ans le but de la pensée européenne. Avouons que nous avons rassemblé jusqu'ici un nombre impressionnant de vérités et que le jeu peut continuer. On découvre tous les jours de nouveaux microbes, de nouveaux documents hittites, de nouvelles étoiles ou de nouvelles lois psychologiques. Et pourtant, nous nous trouvons toujours *avant* Copernic. Nous vivons un cosmos anthropocentrique. Nous attendons toujours une intuition plus large, qui intégrera ces milliers de vérités dans la hiérarchie et l'harmonie d'un autre cosmos. Si nous avions au moins la consolation de nous tromper, de faire un rêve, d'être entourés d'illusions! Mais non : pour notre malheur, nous sommes inondés de vérités. Et chacune essaie de s'instituer souveraine absolue; il y a ainsi la conception matérialiste de l'histoire, le freudisme, la biologie, la théologie, l'individualisme magique, etc., qui expliquent tout selon leur seul point de vue. Nous croyons avoir progressé depuis les primitifs, mais je me demande où est le progrès puisque la majorité des modernes adhèrent à une seule idée, à une seule formule leur suffisant pour voir et expliquer le monde. Abuser d'une vérité est pire que la compromettre (comme le fait, par exemple, le freudisme). Car en abuser signifie plonger directement dans l'erreur. Les vérités n'ont pas de valeur isolée; mais elles deviennent franchement dangereuses quand on essaie de compenser avec l'une l'absence des autres.

Je me demande si nous n'avons pas trop joué à la vérité. Quoi! n'y aurait-il rien de mieux au monde (excepté les éphémérides des sens et de l'art, qui ne peuvent pas, quoi qu'on en dise, satisfaire une conscience complète)? Je pense que la seule chose qui mérite notre attention n'est pas la vérité en soi, mais le fait de la rendre cosmique. Nous ne manquons pas de vérités, nous manquons de style et de rythme. Et si j'avais quelque chose à reprocher à la civilisation de notre continent, ce serait justement l'abus de vérités qu'elle a fait, au détriment du style, c'est-à-dire de la vie. Une vie réelle et précieuse n'est pas jugée selon la quantité de vérités qu'elle a accumulées, mais selon son style intérieur, selon le rythme qui l'anime. Il y a auprès de nous des gens très intelligents, très originaux et très érudits, qui manquent néanmoins de style, c'est-à-dire de la vie propre, hiérarchique, rythmique des vérités qu'ils ont rassemblées. Pour aussi brillants et vivants qu'ils paraissent, ils sont porteurs de cent morts. Car rien ne peut tuer plus sûrement – et rien ne peut nourrir plus vigoureusement la vie – que les vérités. Les erreurs, les à-peu-près, les habitudes, les superstitions sont produits et assimilés automatiquement, ils n'impliquent pas la conscience tout entière. Tandis que les vérités sont dangereuses. Un paysan qui croit aux fantômes est quelqu'un de normal, parce que son erreur fait partie de son intuition globale du monde et de l'existence. Alors qu'un médecin qui croit seulement aux glandes à sécrétion interne est un anormal, parce qu'il abuse de cette vérité afin de la mettre à la place d'une intuition globale du monde et de l'existence, dont il est dépourvu.

Ce style que nous n'avons pas, nous pourrons l'acquérir seulement quand les vérités ne seront plus une obsession, une violence extérieure – quand elles s'épanouiront sur le terreau de notre vie. Une vérité vaut moins en elle-même qu'en la circonstance dans laquelle nous l'avons trouvée. Ainsi, une vérité insignifiante suffit pour nous indiquer la voie de la grande intuition, comme une pomme tombée de sa branche révéla à Newton la loi de la gravitation. Les circonstances dépendent uniquement de notre vie, et si nous découvrons des vérités vivantes (selon un jugement formaliste, elles sont identiques aux vérités mortes) nous découvrirons aussi le style de la vraie vie, qui est rythmique, harmonieuse, cosmique. Car – avouons-le – cette vie de *bric-à-brac* dans laquelle se complaisent presque tous les modernes ne mérite guère d'être vécue, puisque nous savons que nous avons à notre portée une vie nouvelle, celle de l'homme nouveau qui attend en chacun d'entre nous.

IV. Moment non spirituel

Après avoir lu votre dernière lettre, je l'ai glissée avec une certaine indifférence dans le tiroir où, depuis 1927, j'ai pris l'habitude de ranger votre courrier. Vous n'imaginez peut-être pas quel volumineux manuscrit j'ai accumulé ces six dernières années : cinquante-huit grandes lettres, toutes faites de sang et de colère, denses et violentes, amères et nostalgiques, érudites et subtiles, tantôt apportant des frayeurs d'apocalypse (combien de fois n'ai-je eu peur de lire dans les journaux la nouvelle de votre suicide!), tantôt communiquant une étrange sérénité, que je vous aurais enviée si je n'avais su qu'elle serait suivie quelques semaines plus tard par une nouvelle « crise », par de nouvelles lamentations et agonies.

Ces cinquante-huit lettres, vous me les avez toutes écrites moins pour me dévoiler votre âme sombre et compliquée que pour parler encore de vous, pour vous scruter plus lucidement et plus complètement, pour vous persuader encore une fois que vous êtes l'homme que nous cherchons, vous et moi, que vous êtes l'homme de l'esprit. Quelle que soit la température à laquelle vous les avez composées, vos lettres sont apparentées par un caractère commun : elles sont toutes « spirituelles ». Vous croyez peut-être – comme je l'ai cru pendant quelque temps – que « le spirituel » est la seule essence de la vie. Eh bien, monsieur, je vous demande aujourd'hui, aussi franchement qu'amicalement : N'en avez-vous pas assez, depuis tant d'années, de ressasser toujours les mêmes notions? N'êtes-vous pas las de tant de passions abstraites? N'aimeriez-vous pas, sincèrement, être aussi un autre, faire aussi autre chose, oublier votre personne pendant une heure ou pendant un an, vous contredire, jouer, vous moquer de vous, bref, sortir de votre agonie exaspérante, lâcher la bride à votre conscience si disciplinée, mettre fin une bonne fois aux douleurs et aux enthousiasmes, aux dépassements et aux expériences, aux compréhensions et aux révélations, à tout ce qui crucifie votre « spiritualité »? Vu la situation dans laquelle je me trouve aujourd'hui à votre égard, je ne pourrai, monsieur, vous répondre que de façon vulgaire, infatuée, médiocre, non spirituelle. Croyez-moi, ces moments de refus, de négation, ne sont pas moins enrichissants et décisifs que ceux que vous cultivez si furieusement. Préférer – pour une période plus ou moins longue – ce qui est médiocre et secondaire, la paresse et le je-m'en-fichisme, le déséquilibre et l'anarchie intérieures, en un mot, préférer *n'importe quoi* à « la spiritualité » et à « la perfection » est selon moi une attitude nécessaire et bénéfique.

Je passe par un « moment » pareil en vous écrivant cette lettre. Et je vous le répète : ce qui me suffoque autour de moi – chez vous, chez mes amis, chez moi et chez les autres –, c'est notre lâcheté face au *changement*, alors que nous devrions l'accepter, même au risque de nous compromettre, de donner des verges pour nous faire fouetter. Je vous avoue que j'en ai assez de voir tout le monde faire toujours la même chose. Vous, monsieur, vous faites dans « la spiritualité », untel fait dans « l'authenticité », l'un dans la mystique et l'autre dans le scepticisme, l'un exaspère les gens avec son Inde et l'autre avec son Amérique, cinq types braillent à propos de l'agonie et cinq autres à propos de l'orthodoxie, un malin écrit un éloge de la barbarie et un philosophe saute derrière lui dans le puits – pour se donner l'illusion d'expérimenter le néant. Nous répétons, monsieur, et nous nous répétons jusqu'à l'écœurement, jusqu'au vomissement. Et nous voulons tous nous surpasser, nous créer, nous « réaliser », et nous écrivons et nous parlons et nous gesticulons et nous faisons des confidences et nous nous vantons et nous raillons, jour après jour, année après année. Nous nommons cela « élévation », « spiritualité », « authenticité », ou bien nous minaudons comme des cocottes en faisant semblant de ne pas vouloir mettre d'étiquettes sur nos expériences, en faisant semblant d'être libres et souples, d'être « la vie », et ainsi de suite. En réalité, nous sommes tous ridicules et je tiens à vous faire savoir, en ce moment de colère contre vous et contre moi, que notre fanfaronnade ne m'inspire que dégoût et pitié. A cette heure de la nuit où je vous écris, je préférerais être n'importe quoi plutôt que ce que je prétends être : un écrivain et un penseur. Quelqu'un qui aime sincèrement son métier et sa pensée a le droit et le devoir – permettez-moi de vous le dire – de les haïr mortellement quelquefois. Vous aussi, je vous hais et vous méprise avec la même franchise. Vous êtes sorti il y a six ans de l'anonymat (d'ailleurs une simple pose de cabotin médiocre) en m'envoyant une lettre longue et ennuyeuse pour me mettre sous les yeux ma propre image, ma précarité, ma paresse et ma peur. Eh bien, monsieur, cette fois-ci vous tombez mal. Vous tombez à un moment où je suis prêt à régler mes comptes avec n'importe qui, car je viens de les régler, cruellement, avec moi-même.

Je ne me cache pas et je ne vous cache pas non plus que Dieu (vous pouvez dire la Nature, puisque vous prétendez être un philosophe) m'a gratifié de tous les péchés. Mais jusqu'ici, Dieu (ou l'Énergie universelle, ou la Vie, comme vous dites) m'a épargné ce péché-là.

Sachez donc, monsieur, que j'en ai par-dessus la tête de tous les leitmotive de votre spiritualité et de celle de mes amis. Je serais heureux d'apprendre que Petru Manoliu s'est fait embaucher comme ouvrier dans une usine; que Émile Cioran a renoncé à remplir le monde de sa rhétorique habile et futilement profonde sur le néant et l'agonie; que Petru Comarnescu ne milite plus pour ses éternels droits de l'homme; que Mircea Vulcănescu lit des romans policiers; que Mihail Sebastian a décidé d'oublier « le bon goût » et « l'esprit critique ». Autre chose, je ne saurais vous dire à quel point je suis assoiffé *d'autre chose*, complètement différent de ce que nous avons fait et de ce que nous faisons, de quelque chose de médiocre, de brutal, d'obscur, d'inintéressant, mais qui nous permette de vivre autrement et ailleurs.

Je vous avoue que j'ai recommencé à estimer la science, par opposition à l'avalanche de spiritualité, d'authenticité et de vie intérieure qui s'est abattue sur la Roumanie. La science, ni intéressante ni spirituelle, formée d'objets et d'opérations qui ne réclament pas plus d'« intelligence » que de « vie intérieure », seulement un peu de lucidité, beaucoup de méthode et énormément de travail, d'ascèse et de soumission.

Mais j'ai peur que mon propos ne nous rende, à vous comme à moi, le goût de la science. J'ai peur parce qu'il suffit d'une invitation, d'un geste, d'une suggestion pour que les hommes se fixent, se dessèchent, se momifient dans les idées d'autrui. Je ne souhaite aujourd'hui qu'un changement profond, qu'une transformation totale. Mais, grand Dieu! dans une autre direction que celle de la spiritualité. N'y a-t-il donc plus rien au monde qui soit reposant et qui puisse porter des fruits, hormis la spiritualité faite de gestes, de masques, de paroles, de microbes et de génie [1]?

V. Faire...

J'ai reçu votre lettre attardée quand je m'y attendais le moins, plongé que j'étais dans des affaires sans nul rapport avec vos préoccupations. Et je vous réponds malgré moi. Car, souvenez-vous-en, avec la dernière réponse que je vous ai donnée – « Moment non spirituel » – je concluais une série de feuilletons subjectifs, « authentiques » (comme on dit), et je me contentais de faire seulement du colportage culturel. Mais vous m'obligez à m'écarter pour une fois de la ligne droite que j'ai suivie depuis le début de l'été et à vous écrire, comme je le peux.

Voyez-vous, le bien est limité en ce monde. « Pourquoi ne faisons-nous pas de grandes choses? » me demandez-vous. Nous n'en faisons pas parce qu'il est dans la nature des choses de n'admettre l'intervention du bien que dans une certaine mesure, calculable

1. Je me suis proposé de ne faire aucun commentaire sur ces articles écrits et publiés de 1932 à 1934. Chacun a sa vie propre, dans laquelle je n'ai pas voulu intervenir, et sa justification, sur laquelle je ne me suis pas senti obligé de revenir. Mais, relisant ce « moment non spirituel » sur épreuves, je me rends compte qu'il peut donner naissance à de graves confusions, malgré son titre assez bien précisé. Ce serait regrettable, mais je n'y peux rien. De tels moments non spirituels sont importants et je tiens à en conserver ici au moins un.

métaphysiquement ou historiquement. Le mal est infini et chacun peut en faire l'expérience. Mais le monde, ou l'humanité (comme on dit), s'oppose à toute bonne action dépassant la limite imposée par le destin ou par le hasard.

N'avez-vous jamais essayé de secourir un malade? Imaginez alors à quel point nos efforts sont vains, à quel point nous sommes dépassés par la souffrance de l'autre, par la souffrance concrète, directe, vive. On ne peut rien contre elle. Lorsqu'il nous arrive de la combattre, nous obtenons un résultat infime, qui a toutes les qualités sauf une : l'efficacité. Car il ne s'agit pas d'aider les gens ou de les éclairer. Je ne ferai pas un pas de plus si je donne trente lei à celui qui en a vingt, si je donne un second livre à celui qui en a déjà lu un. Je n'entends pas par « le bien » la charité ou la réforme sociale. Le bien est tout autre chose : le salut d'un homme, l'aide efficace qu'on peut lui apporter en le réconciliant avec son âme et son entourage.

Or, on ne peut rien *faire* de tout cela dans le monde, parmi les hommes. Les saints le faisaient, Jésus l'a fait. Tandis que nous, avec les moyens d'ici-bas, nous ne le pouvons pas. Parce que le bien est limité par la nature des choses. Parce que l'homme porte dans sa chair la mesure du bien qu'il peut faire et qu'il peut supporter.

Nous pouvons contribuer au bien *individuellement*, mais pas d'un point de vue universel, bon pour toute l'espèce et pour toute l'histoire.

Et l'on ne réussit que rarement à faire le bien individuellement, à conforter l'âme de chacun face à la mort, à adoucir la souffrance. La charité que j'évoquais doit s'accumuler longtemps avant de devenir de l'amour : amour d'une personne, d'un individu limité et misérable, étranglé par la douleur, exténué par les ténèbres, et non amour de l'Homme ou des Hommes.

De l'amour pour aimer surtout *les limites* de l'individu, ses misères, ses contingences, ses péchés ; pour l'aimer dans sa liberté, dans son état de péché. Ne nous hâtons pas, ne nous méprenons pas. Je n'affirme pas qu'on ne peut pas contribuer au maintien et à la victoire du bien dans l'histoire, sur terre. J'affirme seulement qu'on ne peut rien *faire* dans la direction grandiose que vous envisagez, mon cher monsieur. Car, vous l'avez peut-être remarqué, le bien a l'étrange particularité de n'être efficace qu'à petites doses, dans des circonstances distinctes (c'est-à-dire à un moment précis, dans une conjoncture unique). On ne peut pas faire le bien en grand. (Quand je dis « bien », je ne pense pas aux sens de charitable, social, familier, mais à tous ceux que peut lui donner une langue chrétienne.) On ne peut pas faire le bien pour un *type* abstrait, pour un groupe humain, une société ou un pays. On peut les aider, les conseiller ; mais le bien, on ne peut le faire qu'individuellement.

Toute la tragédie du bien réside dans le fait que – pour nous, les hommes, pour notre esprit – il ne peut pas être expérimenté *universellement*. Il se refuse opiniâtrement à toute tentative de regroupement. Même juridiquement, abstraitement, il est beaucoup plus vague, plus approximatif que le mal, qui peut être défini et précisé de multiples façons et dont le noyau ne s'épuise jamais sur le plan des expérimentations.

Faire, se mettre à faire « le bien » (autrement dit, contribuer au dépassement de notre condition sociale et de notre histoire humaine présentes), constitue une action incalculable. On peut faire souffrir un être humain autant qu'il est imaginable. Dès que le mal s'empare de lui, dès qu'il commence à souffrir, toute intervention du bien, de l'amour, sera vaine.

Il y a tellement de souffrance autour de nous que les gens sensibles, s'ils y pensaient sans arrêt, devraient soit se suicider, soit tuer au hasard. Ou, sinon, se retirer hors du monde, renoncer à l'existence active. La contemplation de la douleur poussée à l'extrême plonge les gens dans une erreur fondamentale : le désespoir, le péché contre la vie. Je ne sais par quel miracle ils oublient l'océan de souffrance qui les entoure. Je ne vois donc rien à reprocher à ceux qui ne mènent pas jusqu'au bout la contemplation de la douleur et qui inventent au contraire toutes sortes de moyens pour rester toujours actifs, dans un tourbillon ininterrompu. Ils ont au moins le mérite de garder le contact avec la vie.

Puisque le bien est limité dans l'humanité et dans l'histoire, puisque, *quoi que nous fassions*, nous ne pouvons pas dépasser le degré de bonheur autorisé par notre condition humaine, toutes vos questions et tous vos drames trouvent une réponse et une solution naturelles. « Que pouvons-nous faire? Pourquoi n'agissons-nous pas? » Réfléchissez pour déterminer si le résultat infime dont je parlais ci-dessus mérite le sacrifice que vous vous imposez : celui de votre vie et de votre « personne », pour instaurer un siècle nouveau, le siècle de la liberté et du bien.

Une certaine charité, un certain amour peuvent changer quelque chose sur terre. Très peu de chose, mais efficacement. Seulement dans *les limites* de l'individu, de sa souffrance et de ses péchés. L'espèce ne change pas. Jésus a essayé de la changer. Mais nous ignorons encore s'Il a réussi; nous ne le saurons qu'une fois morts.

Voyez-vous, l'appel du Bien est très trompeur. C'est surtout un enthousiasme, une tentative pour nous oublier nous-mêmes en pensant aux autres et en trouvant quelque chose à *faire*. Nous devons réagir contre le sens usuel du verbe *faire*. Faire, voilà ce qu'on nous demande de toutes parts. « Qu'est-ce que vous attendez? Pourquoi ne faites-vous rien? » Tous les intellectuels, tous les jeunes ont entendu ces questions dix fois au moins.

S'il s'agit réellement de « faire » quelque chose, alors que ce ne soit pas dans le sens extérieur et enthousiaste attribué à ce mot à tort et à travers. Ne nous y mettons pas pour nous berner ou nous charmer nous-mêmes. De très nombreuses choses ont des limites. Aussi longtemps que nous ignorons ces limites, nous demeurons dans l'abstraction, dans le rêve, dans la magie.

FRAGMENTS

N'usez pas un ami en lui rendant visite souvent. Et si la vie vous oblige à le voir et à lui parler tous les jours, cherchez à vous montrer plat, médiocre et vulgaire autant que faire se peut. Autrement, on ne préserve pas longtemps le miracle de l'amitié.

Soyez le plus possible son camarade et le moins possible son ami. Concluez une trêve et ne la rompez qu'à certaines heures, quand vous sentez que vous devez être son meilleur ami.

Si vous êtes sociable et ne pouvez vivre qu'en connaissant et fréquentant beaucoup de monde, apprenez à parler de toutes sortes de riens. Les petits riens entretiennent les grandes amitiés. Soyez amical avec tout le monde, pour pouvoir être vous-même avec vos seuls amis.

Lorsque vous avez besoin d'une aide quelle qu'elle soit, ne vous adressez pas à vos vrais amis : ils seront trop bons, et vous feront trop de mal.

Ne jugez pas un homme sur ses amis, mais sur la compagnie qu'il recherche, sur les sornettes qu'il conte à certaines heures de panique.

Faites en sorte que les gens que vous fréquentez le plus ne mettent jamais le pied chez vous; par contre, les amis que vous voyez peu pourront vous rendre visite n'importe quand. Sachez qu'il y a des amis de la rue et des amis de l'intérieur.

Ne vous compliquez pas la vie en essayant d'être vous-même avec tout le monde. Il y a des gens à qui cela ne plaît pas, que cela dérange. C'est une superstition de mauvais goût qui exige que vous soyez *vous* à chaque instant, dans toutes les circonstances de la vie. Apprenez au contraire à être un *quidam* pour un maximum de gens. La vie sociale a elle aussi sa loi de la résistance des matériaux. Respectez-la scrupuleusement dans le commerce des hommes. Vous ne réaliserez pas autrement quelque chose de beau et d'organique, ayant son propre style. Pareillement à un sculpteur qui tient compte de la résistance des matériaux selon qu'il travaille le bois, le marbre ou la glaise, apprenez à respecter les matériaux humains qui se présentent à vous et vous aboutirez à un rapport beaucoup plus *humain* et organique que si vous négligiez votre vis-à-vis pour ne tenir compte que de vous.

La plupart des hommes étant en argile, ne cherchez pas à les traiter comme s'ils étaient en pierre, car vous ne réussirez à créer ni une statue de pierre, ni une beauté d'argile.

Apprenez que le grand secret de la vie sociale réside dans la capacité de confesser ses péchés à tout le monde et de ne révéler ses qualités qu'à quelques-uns.

*

Il y a quelques années, j'ai vécu assez longtemps auprès d'un grand homme. C'était vraiment un grand homme : dans la force de l'âge, créateur, original, glorieux. On parlait de lui sur trois continents, où son œuvre scientifique était portée au pinacle. Il ne se heurtait pratiquement plus à l'opposition et aux contradictions auxquelles on n'échappe généralement pas de son vivant.

Ce grand homme recevait tous les jours des lettres ou des suppliques venues de tous les coins du monde et il les lisait avec un vif plaisir. Cependant, voilà ce qui lui déplaisait : ceux qui lui écrivaient s'excusaient toujours de « prendre sur son temps » et de faire appel à « sa bonté ». Or, cet homme célèbre perdait une grande partie de sa journée à lire des romans policiers, à sommeiller dans un fauteuil ou à se chamailler avec sa femme.

J'eus l'occasion d'assister un jour à une scène impressionnante. Une Américaine de passage vint le voir, pour lui parler. J'étais présent. La brave femme ne resta qu'une dizaine de minutes, durant lesquelles elle écouta pieusement tout ce que lui dit le maître. Elle n'arrêtait pas de s'excuser d'empiéter sur son temps si précieux. Elle croyait, comme tout le monde, qu'il passait son temps à créer, lire ou méditer. Elle se confondit en excuses quand elle s'en alla. Je la raccompagnai jusqu'à la porte. Elle avait voyagé pendant quarante jours pour entendre pendant dix minutes son maître spirituel. Lorsque je retournai dans la chambre du grand homme, je le trouvai en train de se gratter voluptueusement les pieds. Il me dit : « Quels gens intéressants, ces Américains. » Après quoi il reprit son roman, son inévitable roman d'Edgar Wallace. Le soir, il alla au cinéma.

Je raconte cela sans ironie aucune. C'était vraiment un grand homme. Mais nous ne devons pas exagérer, croire que les grands hommes sont immatériels, que les génies n'ont pas besoin de joies ordinaires, d'amusements quelconques. C'est pourquoi je me suis toujours adressé avec une certaine impertinence aux grands hommes que j'ai connus. Je me disais que le temps que je leur prenais n'était peut-être pas destiné à écrire leur œuvre géniale, mais à se gratter les pieds...

Pourquoi, cependant, préfèrent-ils se gratter les pieds ou lire Edgar Wallace plutôt que de prolonger leurs conversations avec nous, les jeunes qui allons les voir en disciples? Il y a de la tragédie là-dessous, je n'en doute pas. Ils sont peut-être las de devoir être toujours *grands*. Ils ont peut-être envie d'un peu d'humanité, d'un peu de médiocrité confortable. Ils ont besoin, eux, les génies, de chaleur et de platitude plus que nous autres, qui vivons tout le temps dans la chaleur et la platitude.

Mais c'est triste, avouons-le. Il est assez triste de passer cinq minutes seulement à converser avec quelqu'un qu'on admire, avec lequel on s'entendrait parfaitement, duquel on apprendrait beaucoup, et de voir arriver, au moment où l'on referme la porte, un type quelconque, « un ami », qui va rester jusqu'au soir avec le maître pour débiter des stupidités.

*

Je suis de plus en plus sûr que la jalousie n'est pas un sentiment aussi simple qu'on le croit. D'abord, elle n'est pas seulement un sentiment. Si elle se manifeste souvent dans la vie passionnelle, on peut la reconnaître également dans d'autres structures. Par exemple, dans le destin de la connaissance. Il y a toujours un dualisme à la base des certitudes obtenues par la connaissance, dualisme qui ne se résume pas à la lutte classique entre la vérité et l'erreur, mais qui exprime la lutte entre *deux vérités*. Nous avons sur la connaissance en général des idées tout à fait arriérées. Nous croyons que la vérité est universelle, permanente, éternelle, etc. Une vérité pareille existe peut-être, mais ce n'est, en tout cas, pas la nôtre. Le plus souvent, nous avons *des points de vue*, des compréhensions partielles de la réalité. Notre connaissance est l'affirmation d'un tel point de vue. Et le dualisme que j'évoquais ne se manifeste pas dans un combat entre *un point de vue juste* et *un point de vue faux*, car « juste » et « faux » sont des abstractions sur le plan des « vérités » quotidiennes : il se manifeste dans la jalousie d'un point de vue envers un autre.

Dès que nous aboutissons à une certitude, à une vérité (comme nous disons parce que nous ignorons que la vérité signifie tout autre chose qu'un point de vue), une autre certitude, opposée ou similaire ou intermédiaire, vient tenter notre esprit, nous troubler avec sa jalousie inavouée, dissiper notre quiétude.

Il est superficiel de dire qu'un esprit jaloux (dans le sens que je donne à ce mot) est instable et stérile, si ce n'est carrément immoral. Il y a un véritable drame derrière la jalousie organique de la connaissance. Remarquez qu'il ne s'agit pas là de passer forcément à l'autre *extrême*, de se contredire purement et simplement; il s'agit d'une tentation de passer à côté, de douter de la fidélité de sa propre vérité, de son caractère « certain », de son universalité.

Les choses sont moins simples qu'elles ne paraissent. Il est facile de dire que les moments qui préludent à la connaissance sont des moments d'erreur ou qu'ils sont approximatifs, que l'esprit chemine toujours de l'erreur à la vérité définitive. Au mieux, cette manière simpliste de voir nous rend optimistes, mais elle ne correspond pas à la réalité. La réalité, c'est que nous abusons des points de vue et que, au fond, chacun de ceux-ci est jalousé par un autre, proche ou lointain. Nos certitudes sont éphémères justement parce que la connaissance repose sur la jalousie. Je parle, bien entendu, de la connaissance authentique, sincère, vivante, pas de celle que quiconque peut trouver toute mâchée dans les livres ou les écoles.

Le combat est ininterrompu, pas seulement entre l'obscurité et la lumière, mais également entre les lumières différentes. Or, il est certaines pourritures qui produisent une lumière phosphorescente plus fascinante que la lumière du jour.

*

La maladie et la folie des génies ont peut-être une explication très simple : elles seraient le châtiment ou la récompense des défricheurs d'une nouvelle zone de la pensée. Car il faut être malade, déséquilibré, fou, pour découvrir des contrées spirituelles qui, plus tard, assureront l'équilibre et la santé des autres.

Ce qui me trouble (et me ravit en même temps) dans l'énigme de la maladie et du déséquilibre de certains génies, c'est que leur pensée devient un stimulant vivifiant, une structure organique et saine pour les autres. Il est étrange que la vie et la joie se vengent dans ce cas aussi; nous assistons à une nouvelle victoire de la vie. La maladie et la folie du génie stimulent – par le truchement de sa pensée, de son œuvre – le principe de la vie et de la santé du troupeau qui le suit. La réalité simple et miraculeuse qu'est la vie sait utiliser dans son combat contre le néant les victoires de celui-ci. Quelqu'un de malade, de déséquilibré, de fou, est ramené dans le camp de la vie et de la santé; pas directement, en tant qu'individu, mais grâce à l'influence vitale, organisatrice, tonique, que sa pensée exerce sur les autres.

*

On exagère beaucoup quand on dit que la peur de souffrir nous oblige à faire ou à supporter des choses auxquelles nous serions heureux d'échapper. La peur de *notre* souffrance joue un rôle beaucoup plus modeste dans la conscience moderne. Il y en a une autre, plus forte mais qu'une pudeur bizarre laisse dans l'ombre : la peur de faire souffrir *les autres*. A cet égard, nous sommes bien plus altruistes, c'est-à-dire plus lâches, qu'on ne le pense. Si nous acceptons toutes sortes de compromis, si nous endurons de véritables horreurs morales, si nous nous complaisons dans les mensonges les plus sinistres, ce n'est pas par amour de notre confort ranci ou par crainte de souffrir, c'est parce que nous redoutons la souffrance *des autres*, impliqués dans notre expérience.

Nous rencontrons là un autre degré de la lâcheté, du manque de virilité. Il s'agit précisément de la terreur qu'exerce sur nous la souffrance des êtres qui nous sont chers ou proches. Nous évitons de faire certaines actions et de dire certaines vérités, pas parce que cela déclencherait des événements qui nous feraient souffrir, mais parce qu'il nous faudrait assister à la douleur des autres. Dans notre for intérieur, nous préférons souffrir nous-mêmes, pourvu que certaines situations prennent fin, que certaines obscurités se dissipent. Mais nous ne pouvons pas le faire, car alors les autres souffriraient encore plus que nous.

Cette lâcheté est plus terrible, plus subtile et plus « morale » que la simple lâcheté d'un homme qui craint de souffrir lui-même. Les traités d'éthique devraient toujours en tenir compte. Et un éloge du courage devrait nous apprendre qu'il est beaucoup plus facile de supporter une douleur inutile que de la supprimer virilement, malgré les véritables agonies que cet acte de volonté entraîne dans l'âme d'autrui.

Il nous reste à apprendre quelque chose de très

difficile : porter sur la souffrance des autres le même regard que sur la nôtre; provoquer la souffrance des autres, quand c'est nécessaire, avec le même courage que nous montrons pour provoquer la nôtre.

*

Les vrais hommes d'action et d'initiative ne font pas de politique parce que l'acte politique est toujours stimulé; on fait tel ou tel mouvement pour une certaine raison, en vue de certains résultats. En politique, tout est stimulé de l'extérieur (pas forcément dans le sens brutal de ce mot; « extérieur » dans le sens de vision mentale projetée dans l'avenir, d'*idéal*, de quelque chose se trouvant en dehors, très loin, et à quoi vise l'homme politique). Les faux hommes d'action vivent et agissent selon un très étrange système de tropismes : le tropisme du moment, le tropisme du succès, le tropisme de l'avenir, ceux de l'intérêt personnel, de la moralité civique, etc. C'est une action alimentée sans cesse par l'extérieur. Ils prétendent être actuels parce qu'ils affectent la panique de l'actualité et acceptent pour seuls critères de jugement ceux que l'expérience historique a vérifiés depuis des siècles. Il y a des critères qui se font *maintenant*, qui ne sont pas encore vérifiés et qui forgeront à leur tour l'histoire; ceux-ci, un homme politique, c'est-à-dire un homme qui ne vit pas dans *le présent* mais dans « l'idéal » (lequel peut survenir dans un siècle ou dans une heure), ne peut ni les comprendre ni les apprécier.

Si l'expression « primauté du spirituel sur le politique » a un sens, ce sera celui-ci : penser et agir sans être stimulé par des facteurs extérieurs (ce qui ne signifie pas qu'il ne faut pas entretenir avec eux des liens de compréhension ou de communion). Mais la majorité des courants « spirituels » de notre siècle sont politiques dans leur essence intime. C'est-à-dire qu'ils n'ont pas d'autonomie propre.

*

Nous nous dressons souvent contre une opinion ou une vérité seulement parce que la personne qui la soutient nous est antipathique; nous nions une vérité seulement parce que notre heure psychique est résolument celle de la contradiction, de l'opposition, de la négation. Nos opinions proviennent ainsi en très grand nombre de nos négations passionnelles. Nous empruntons davantage aux autres dans un sens négatif – en émettant un avis contraire au leur – que dans un sens positif. Nous sommes stimulés par ceux que nous contredisons plutôt que par ceux que nous imitons. Le plus étonnant dans ce processus, c'est que ces riens passionnels nous servent à bâtir notre « philosophie », notre système d'interprétation du monde; nous transformons les jeux éphémères de nos sentiments et de notre orgueil en jugements critiques qui guident ensuite notre vie, nous entraînons toute notre pensée dans le sillage de quelques propositions qui ont exprimé un jour notre révolte, notre peine ou notre négation, lors d'une simple discussion entre amis.

Ce qui est déprimant, c'est que bon nombre de nos affirmations sentimentales, passionnelles, éphémères – issues de l'envie de contredire – contiennent des vérités essentielles sur l'existence. La vérité emploie des moyens très étranges pour se révéler aux hommes.

*

Il y a des heures de terrible torpeur, de tristesse invraisemblable, où l'on découvre soudain qu'on est seul, avec de nombreuses morts autour de soi et d'autres dans l'âme. C'est une profonde solitude, qu'on n'arrive pas à chasser quoi qu'on fasse; on se trouve vieux, inutile, raté, étonné d'avoir côtoyé tant de vie sans le savoir, sans la sentir, déprimé par toutes les victoires qu'on n'a même pas essayé de remporter, par toutes les tentations dans lesquelles on n'a pas mordu. A de telles heures, on comprend l'inanité de tous les mobiles et de tous les stimuli dont on a nourri jusque-là la joie et la douleur; à de telles heures, on comprend que l'amitié est une course inutile, que l'amour est un acte impossible, que tout est parfaitement vain. On est dégoûté de tout, même du repos, de la mort. On voudrait pouvoir disparaître sans le savoir, plonger dans le néant sans faire un seul geste.

Et pourtant, après de telles heures ou de tels jours d'abattement, on redécouvre le soleil et le sens de tous les actes. On s'intègre dans l'autre conscience, la conscience quotidienne. On oublie qu'on avait déserté la vie, on oublie cette décomposition dont on aurait pu tirer tant de leçons sur la mort et sur la résurrection. On a pris l'habitude d'appeler « maladie » ou « surmenage » toutes les torpeurs par le biais desquelles l'individu acquiert la connaissance de ce qui l'attend. Et l'on retourne sans souci au point d'où l'on était parti.

Je suis toujours effaré par ce grand secret de la vie : on n'apprend rien grâce à la décomposition, sauf très tard, lorsqu'on est vieux et qu'elle est définitive, que l'âme est une tombe. Je me demandais un jour comment on pouvait continuer à faire *les mêmes choses* après avoir lu *La Divina Commedia*. Je me demande aujourd'hui comment on peut repartir de zéro après avoir eu pendant un instant, dans la torpeur, un avant-goût de ce qui viendra.

*

Les opinions *rigoureusement contraires* aux nôtres nous intéressent, nous réjouissent et nous stimulent. Le plus souvent, nous trouvons leurs tenants sympathiques. Ils se situent aux antipodes, en dehors de la physique et de l'économie intimes qui nous sont propres. Ils ne nous gênent pas, ils ne nous contraignent pas à penser différemment : ils sont trop loin de nous. Nous aimons afficher notre amitié à leur endroit, nous vanter de « les comprendre » bien qu'ils soient précisément à notre opposé. Nous voulons proclamer de la sorte notre largeur d'esprit, nos capacités de compréhension.

Mais il en va autrement des gens qui pensent *presque* comme nous, dont les opinions se distinguent des nôtres par de simples *nuances*. Ces gens qui nous ressemblent nous irritent vivement, nous incommodent, nous sont antipathiques pour des raisons obscures. Ils nous obsèdent, ils nous troublent. Leurs idées nous font réellement souffrir. Elles sont trop proches des nôtres pour que nous ne leur reprochions pas amèrement de ne pas être *identiques*. En même temps, elles nous révèlent tout ce qu'il y a d'improvisé, d'arbitraire, d'abstrait, de factice, d'inefficace dans les nôtres. Nous en voulons toujours à ceux qui, volontairement ou non, nous démontrent la légèreté ou l'insuffisance de notre conception du monde et de la vie. Si elle venait *de l'autre pôle*, la démonstration ne nous convaincrait pas (tout comme elle ne nous convainc pas quand elle est *objective*, froide, rationnelle). Une démonstration sera convaincante si elle est faite dans notre esprit, avec nos méthodes. Curieusement, sa force ne réside pas dans ce qu'elle *veut* prouver, affirmer, mais dans ce qu'elle réalise *presque* comme nous. Une opinion étayée comme les nôtres nous dévoile les côtés insuffisants et improvisés de nos « théories ». La critique la plus efficace ne vient pas des adversaires, mais des amis spirituels; car les œuvres de ces derniers, si proches des nôtres, illustrent on ne saurait mieux tous les travers et toutes les autosuggestions de notre spiritualité.

Et puis, il y a autre chose aussi. Le dépit et l'embarras que nous éprouvons en présence d'idées semblables aux nôtres, de gens qui nous ressemblent, ont une explication supplémentaire, simple et psychologique. Nous détestons nous voir multipliés dans ce que nous pensons avoir de plus « original » et profondément intime. Il nous répugne de nous reconnaître dans nos contemporains, surtout s'ils semblent trahir le secret de notre personnalité, de notre activité spirituelle.

Voilà pourquoi nous leur préférons les autres, envers lesquels nous pouvons être *objectifs*.

*

Il y a des gens pour lesquels le bonheur est la pire des souffrances; quand il survient, ils ne peuvent ni se plaindre ni se confier à autrui, ils sont prostrés plus que dans les malheurs les plus terribles. On ne peut pas consoler quelqu'un que le bonheur fait souffrir. On ne peut pas pénétrer dans sa douleur, parce qu'on ne peut la fixer nulle part, parce qu'on ne peut pas en avoir l'intuition, parce qu'elle est une condition fluide de l'âme qui échappe à tout acte de compréhension ou d'amour. Les gens qui souffrent dans le bonheur rencontrent pour la première fois la solitude. La plupart des êtres sont seuls dans la douleur. Mais ils souffrent vraiment au-delà de l'imagination humaine quand ils connaissent la solitude dans le bonheur. C'est presque une asphyxie, une combustion invisible, parce que personne ne soupçonne leur tourment, personne ne peut esquisser un geste de réconfort.

Ces gens-là ont un instinct de conservation assez

raffiné : sur le seuil du bonheur, ils appellent n'importe quoi à leur secours : la raillerie, la satire, la pornographie, la vulgarité, l'outrage, le cynisme. Évitant à tout prix le bonheur, ils recherchent une compagnie gaie, grossière, bruyante. Pour eux, il n'y a pire malédiction qu'un ciel étoilé, qu'une nuit claire à la montagne : tellement de calme autour d'eux, tellement de profondeur, tellement de néant! Ils voudraient alors écouter des plaisanteries, débiter des inepties, des anecdotes, entendre des propos enjoués. Ils ne peuvent pas résister autrement à la grandeur, au bonheur, au « naturel » qui les entourent.

Aussi aiment-ils la vie citadine, les ciels ternes et pollués, la solitude dans une chambre – et non dans une forêt –, la médiocrité, la vulgarité, le quotidien; s'ils attendent quelque chose, ce n'est jamais le bonheur, ce sera toujours un équilibre quelconque, une indifférence, une sérénité placide, presque neutre.

*

L'expérience si variée du néant qui suit toutes les grandes douleurs conduit à un rassérénement plus sûr et total que l'éventuelle sérénité ayant précédé la souffrance. De ce point de vue, celui de l'état d'âme qui *s'ensuivra*, les douleurs contribuent le plus durablement à l'équilibre psychique. C'est une bêtise ou une platitude de croire que la souffrance engendre la joie, et la joie la souffrance. Ce n'est pas aussi simple. L'une et l'autre tendent vers un état neutre, de calme psychique, de neutralité passionnelle. Lorsqu'on descend d'un état de joie et qu'on atteint l'indifférence, on garde une certaine impression de tristesse, de mélancolie; de ce fait, on croit qu'à la joie succède le plus souvent l'amertume. Mais quand on fait l'expérience de l'état neutre et placide de l'équilibre après une profonde douleur, on le prend presque pour une béatitude. Un grand calme de l'âme, une très étrange tolérance envers tout le monde et envers toutes choses, un désir sincère de compassion, de charité; enfin, ce qui est très précieux, une soif de valeurs durables, universelles, parfois même « trop humaines ».

La grande valeur de la douleur réside dans cet élan vers l'équilibre, vers la placidité, vers la sagesse, élan que déclenche l'âme. La douleur purifie l'homme de tant de belles folies, de tant d'idéaux imposants.

Vous rencontrerez rarement des gens ayant beaucoup souffert. Car *ils ne sont jamais; ils ont été* ou *ils deviennent.* Je ne crois pas celui qui me dit « Je souffre beaucoup » ou « J'ai beaucoup souffert ». Le monde est ainsi fait qu'on ne voit pas l'homme qui souffre, qu'on ne peut pas le regarder : tous nos instincts nous protègent contre son contact direct, à vif. Il n'est plus *le même* : je veux dire qu'il y a un gouffre entre l'homme qui a souffert un jour et celui auquel on parle. Il se souvient seulement qu'il a souffert. Ce qui est très différent et, par ailleurs, très humain et même très beau.

Il retourne à une humanité charitable, il se fait le défenseur des valeurs plates, usées, mais éternellement vivantes. Si la souffrance ne l'a pas rendu fou (je veux dire : s'il n'a perdu aucun des axes de son existence), il sera finalement très travailleur, très avisé, très raisonnable. Ce qui m'étonne dans ce « classicisme » des gens qui ont véritablement souffert, c'est leur tolérance envers la douleur. Mais, semble-t-il, nous sommes tolérants avec tout ce dont nous pouvons nous souvenir.

Il y a des gens qui ne dépassent la douleur que dans la mort. Ils ne peuvent expérimenter la sérénité, l'équilibre, la neutralité passionnelle que lorsqu'il n'existe plus aucune expérience, c'est-à-dire dans la mort. Il y a donc des gens qui se reposent en mourant.

Mais il y en a d'autres qui anticipent leur mort biologique par une mort humaine, en survivant, comme de simples animaux ou comme de simples monstres, à une douleur qui a tranché un jour le fil de leur vie, qui a interrompu leur croissance. Une telle mort est la seule qu'on ne puisse pas juger. Si je comprends encore ce qu'est un sacrilège, je dirai que c'est toute tentative de juger des gens morts depuis longtemps à cause d'une seule douleur et auxquels a été refusé l'unique salut décent : la folie.

*

On a quelquefois l'impression de posséder une pensée organique, plastique, malléable. On la sent éclairer directement les objets, on sent la compréhension grandir de manière naturelle et vivante, comme un organisme. Le monde entier paraît ainsi s'illuminer. On ne rencontre plus d'obstacles, il n'y a plus d'incohérences. On pense presque sans le vouloir. On a le sentiment de *comprendre* et on atteint de ce fait une plénitude inouïe; c'est un sentiment roboratif, on se sent croître et fructifier.

Cette pensée plastique nous révèle notre véritable essence : nous sommes des organismes, des cellules vivantes. D'où la joie obscure que nous éprouvons chaque fois que nous pensons organiquement. Comme si nous revenions à une source perdue, oubliée depuis longtemps. C'est la seule fois que nous avons l'intuition de la grandeur du monde végétal, des cristaux, des courants de l'atmosphère.

*

Il faut soigneusement faire la différence entre le bon sens des analphabètes et celui des gens instruits. Le premier (rural ou urbain) a derrière lui l'histoire, le jugement du monde, la présence du proverbe. Le second a derrière lui une classe sociale, la lâcheté, la peur du ridicule. Les ruraux craignent le ridicule parce qu'ils lui opposent la bonté de Dieu; les gens instruits parce qu'ils lui opposent leur confort individuel et les superstitions de leur classe sociale. Pour les ruraux, le ridicule est démence, déshumanisation, déraison; pour les gens instruits de bon sens, il est tout simplement ridicule (c'est-à-dire une situation individuelle pénible, une vexation, un désagrément personnel). D'un côté le proverbe, de l'autre « l'esprit », la caricature.

*

Il m'arrive, de loin en loin, de connaître de vraies heures de bonheur : quand je ne possède aucune *vérité*; quand je n'ai ni le temps ni l'humeur nécessaires pour me demander « ce que je pense » et « pourquoi je pense » ceci ou cela d'un certain fait, dont, alors, je m'approche directement, avec lequel je communie totalement. J'ignore d'où il vient et comment je fais pour l'intégrer dans ce que j'ai pris l'habitude d'appeler ma conscience. Il est, et *je suis*. Mais je ne sais à aucun instant s'il est réel, s'il doit être ainsi ou s'il devrait être autrement, s'il ne vaudrait pas mieux qu'il ne soit pas du tout, etc.

Je me demande parfois si l'homme ne s'est pas éloigné de la vérité à cause de *la problématique* qu'elle implique; si l'anticipation mentale de « la vérité » et son extériorisation (je me trouve au point A; « la vérité » se trouve au point D; si je passe par B et C, je la trouverai!) ne font pas que prolonger indéfiniment une course dans le vide.

*

Une grande partie de notre activité est due à une phrase que nous avons prononcée involontairement ou distraitement et que nous nous évertuons, par orgueil ou par curiosité passionnée, à expliquer et diffuser en la rattachant à des dogmes et des principes acceptés.

Nombreux sont ceux qui s'engagent dans une certaine voie parce qu'ils ont annoncé qu'ils la prendraient. Nombreux sont ceux qui s'éprennent d'un livre parce qu'ils en ont fait l'éloge ou d'une femme parce qu'ils croyaient l'aimer. D'autres s'obstinent à étudier toute leur vie un coin sombre parce qu'ils ont reproché un jour à leurs amis de ne pas l'estimer à sa juste valeur.

Cependant, chose surprenante, on aboutit de la sorte à de très nombreuses découvertes. On dirait que la vérité obéit à la volonté de ceux qui la cherchent et se révèle partout où l'œil de l'homme veut la trouver.

*

Ceci m'a toujours troublé : l'aube de tout changement dans la vie, dans la pensée ou dans la passion est annoncée par une sereine indifférence à l'égard de la chair.

Un calme inhumain envers tout ce qui concerne les lois du corps envahit celui qui pénètre dans un nouvel espace spirituel, celui qui change. Et cela se passe même quand il change de vie *en acceptant une victoire de la chair...*

*

J'ai assisté il y a quelques jours à une discussion entre deux amis. L'un disait à l'autre : « Tais-toi donc! Comment peux-tu parler de la mort et de toutes ces choses que personne ne doit ni ne peut révéler?

Comment peux-tu tout dire sans rien garder de caché pour toi? »

J'ai souvent entendu exprimer autour de moi cette conception primaire à propos du silence et de la parole. Certaines gens croient que parler ou écrire signifie dire tout ce qu'on a sur le cœur. C'est une façon tout à fait rudimentaire de juger du cœur. Je me rappelle que Søren Kierkegaard dit, quelque part dans son *Journal*, que le mutisme le plus sûr consiste à parler sans cesse. Je ne pense pas que ce soit toujours vrai. Le jeu des contraires n'est souvent qu'un automatisme qui ne mène à rien (dire que si l'on rit on est tragique, que si l'on se tait on est loquace, etc.).

Cela dit, l'opinion que bien des gens se font du secret des autres – qu'ils jugent sur la durée de leurs silences ou de leurs discours – n'est pas plus justifiée, car il n'y a là aucun rapport avec « le secret » de l'âme. Il y a des gens qui ne disent que trois mots en une heure et qui donnent pourtant l'impression d'avoir vidé leur cœur. D'autres parlent tout le temps, sans jamais devenir familiers, sans jamais communiquer les intimités qui définissent l'homme, le miracle, le mystère. Il y a des amis qui se dévoilent chaque semaine et qu'on ne connaît pourtant pas au bout de plusieurs années. Il y en a d'autres qui ne parlent jamais et qu'on connaît dès les premières semaines. Je crois que toutes ces choses – silence, discours, secret, miracle, âme, etc. – n'ont rien à voir les unes avec les autres. Mais une certaine psychologie primaire et accessible à l'adolescence nous a appris précocement à tirer des conclusions presque machinales. Et nous avons ainsi l'impression de connaître les hommes.

*

Je me suis proposé il y a longtemps déjà d'analyser le sens des mots roumains *om* [1] et *omenie* [2]. Dans notre langue, *om* n'a ni le sens humaniste, ni le sens chrétien. Il est dépourvu de valeur cosmique, de toute nuance majeure, orgueilleuse. Lorsqu'on écrit *Om* avec une majuscule, on fait presque de la rhétorique. Car l'*om* de la langue roumaine est humble, anonyme, effacé, résigné. On dit : *păcatele omului* [3] (il ne s'agit pas des péchés contre la religion, mais des péchés contre les institutions, contre la discipline) ; *îşi face nevoile, ca omul* [4] (une biologie qui a honte d'elle-même, qui présente des excuses) ; *mai calcă alături, ca omul !* [5] (une espèce de banalisation collective du péché, une tentative d'excuse par la solidarité avec les essences animales, balkaniques, de l'humanité).

Certaines maximes étrangères concernant l'homme n'ont pas de sens si on les traduit en roumain. Par exemple : *Quand on se trouve homme, on se trouve seul* (H. de Livry) ou *Der Mensch ist eine Sonne, seine Sinne sind seine Planeten* (Novalis). On peut tout juste traduire en roumain certains titres de livres : *L'Homme qui assassina* ou *The man from San Francisco.*

Nicolae Iorga a longuement insisté sur ces deux mots, *om* et *omenie.* En roumain, cependant, la notion d'*om* n'acquiert un contenu spirituel, éthique, que si on lui oppose son contraire : *neom* [6]. C'est seulement dans cette équation que le sens du mot *om* se purifie et devient majeur, véritablement éthique. Tant qu'il

1. « Homme. » *(Les notes de ce « Fragment » sont du traducteur.)*
2. « Humanité » (dans le sens de bonté humaine).
3. « Les péchés de l'homme. »
4. « Il fait ses besoins, comme l'homme » (ici, « comme l'homme » a le sens de « comme tout un chacun »).
5. « Il donne parfois un coup de canif dans le contrat, comme l'homme » (ici, « comme l'homme » a le sens de « c'est humain »).
6. « Non-homme » (dans le sens de « brute », de « sauvage »).

est employé *seul*, le mot *om* a des sens péjoratifs, humbles, inférieurs. Cette caractéristique n'est pas sans importance pour qui veut comprendre l'esprit de la langue roumaine et même du comportement roumain. Une infériorité dans l'isolement, dans l'autonomie et, alors, une solidarité avec tout ce qui est terrestre, humble, obscur, peccable. Une tendance à s'exonérer en invoquant la médiocrité de l'espèce (de la race) et les péchés des ancêtres (*ca românul*[1], *ca tot omul*[2], etc.).

*

A propos de la méthode expérimentale en matière de philosophie. Si, au lieu d'argumenter, les philosophes essayaient d'expérimenter? Une seule chose est certaine dans toute l'histoire de l'esprit européen : le succès et le développement de tous les secteurs d'activité créatrice résident dans l'expérimentation, le courage, le franchissement du seuil. Certes, il n'existe pas encore de méthode expérimentale en métaphysique; mais il n'en existe pas parce qu'on n'en a pas cherché. Il faut en découvrir une, *la créer*, la promouvoir, l'amplifier, comme ce fut le cas pour l'expérimentation scientifique. Mais il ne faut pas l'emprunter à la science (comme l'a fait la psychologie, qui aurait abouti à un point mort sur la route qu'elle avait prise, si quelques écarts non scientifiques n'étaient pas intervenus).

Nous associons involontairement la notion d'« expérimentation » à celle de « science positive », alors qu'elles sont totalement autonomes. La méthode expérimentale en philosophie peut signifier tout à fait autre

1. « Comme le Roumain » (dans le langage populaire, « Roumain » signifie souvent « homme »).
2. « Comme tout homme. »

chose que dans les sciences. Mais il faut avoir le courage de créer, de se révolter contre l'argumentation, contre le conformisme; comme, par exemple, Kierkegaard, Dostoïevski, Heidegger.

Ce qui rend stérile la philosophie, ce sont la peur de créer, le conformisme, la scolastique. Bon gré mal gré, nous nous conformons à de grands modèles, en oubliant que leur audace créatrice, leur liberté, leur non-conformisme ont fait leur « grandeur ». Nous pourrions suivre un modèle en imitant son geste créateur, en répondant à l'invitation à la liberté et à l'autonomie que son œuvre nous adresse sans cesse, par-delà les siècles. Mais nous copions son système, les cadres de sa création, des formes mortes, au lieu de nous inspirer du geste vivant qui les a engendrés.

Lorsque nous pensons, nous craignons de contredire un grand modèle. Et si *nous voulons* le contredire, nous écrivons un livre sur lui et contre lui. Nous faisons une sorte d'œuvre de mise au point, d'ajustement, de commentaire, alors que nous pourrions en faire une de création libre, autonome.

Chacun d'entre nous redoute de contredire Kant ou Husserl. Nous avons peur de nous compromettre aux yeux de l'élite en ignorant ou en contredisant la parole d'évangile qui sert aujourd'hui de suprême vérification de l'intelligence philosophique. Et alors nous nous contentons d'être « originaux » à l'ombre de ces grandes idoles, de créer en les ajustant et en les interprétant, comme à l'époque la plus stérile de la scolastique. Nous aurions pourtant pu être tout simplement nous-mêmes, originaux ou pas, mais nous-mêmes. Ceci ne signifie pas que nous devons négliger la vérité, mais que nous devons l'expérimenter pour notre compte. Nous ne devons pas tomber dans l'autre extrême, la négation : nous ne serons pas plus originaux « en niant » Kant ou Husserl que nous ne le sommes en les adorant.

L'expérimentation et la création n'ont rien à voir – dans leurs actes décisifs – avec Kant, ni avec Husserl. Ils peuvent servir d'objets de la pensée, comme n'importe quelle autre réalité, et rien de plus.

N'ayons pas peur non plus de cette question : « Que se passera-t-il alors? » Peu m'importe ce qui se passera quand chacun pensera pour son compte, quand chacun créera en expérimentant. En tout cas, ce sera une vie nouvelle. Et je saurai m'y adapter aussi bien qu'à celle que nous connaissons tous aujourd'hui. Mais je me dis que, sur des dizaines de milliers d'expérimentateurs des sciences positives, quelques centaines seulement ont *créé* quelque chose. Il y a toutefois une différence à cet égard entre les sciences positives et la philosophie : pour celles-là, la création est transmissible; pour celle-ci – quand on lui aura trouvé une méthode expérimentale –, elle ne le sera plus. Elle l'est actuellement, mais elle ne le sera plus dès lors. Car une méthode expérimentale en philosophie ne peut pas signifier autre chose que l'expérience sur tous les plans de la vie. Or, celle-ci est tellement riche en chacun de nous qu'aucune création ne pourra l'épuiser. Et personne ne sera obligé, alors, d'imiter quelqu'un d'autre. La création pourrait être aussi organique que la vie.

*

Le paradoxe de n'importe quelle philosophie – activité par excellence universelle et impersonnelle – c'est qu'on peut toujours la réduire à une *expérience* précise, concrète, personnelle. Si une philosophie ne contient pas à l'avance cette implication concrète et personnelle, elle ne vaut rien. Elle n'est alors qu'un beau système, autrement dit une tentative réalisée selon toutes les règles philosophiques, de manière scolaire ou professorale. Mais elle n'est pas une *philosophie*, c'est-à-dire une unité vivante, un organisme spirituel.

Le paradoxe dont je veux parler est le suivant : les philosophies, bien qu'elles reposent sur des expériences, des faits, des événements – donc sur des réalités qui ne se situent pas sur les axes de l'esprit –, sont des créations absolument spirituelles et ayant une valeur universelle. On croyait il y a une centaine d'années encore que l'activité philosophique devait être tenue à l'écart des occurrences, des « expériences ». Pourquoi? Parce que, d'après la conception de toute la philosophie stoïcienne et chrétienne – conception transmise par Pascal à la philosophie du XIXe siècle –, « les expériences » sont le produit des passions. Tout ce qui « arrive », tout ce qui « se réalise » appartient à un ordre passionnel, donc séparé essentiellement de l'esprit et participant de l'erreur.

La caractéristique des philosophies « personnelles » de la seconde moitié du XIXe siècle est le dépassement de la dissociation précise et définitive qu'on faisait précédemment entre « passion » (circonstance, expérience, hétérogénéité) et « esprit » (état, dialectique, homogénéité). Ce dépassement a été rendu possible par une révolution du sens de « l'expérience » et de « la circonstance » : on les a sorties des cadres de *la passion* et elles ont acquis une valeur *spirituelle* (par conséquent universelle et éternelle) qui va désormais en s'accentuant. Les expériences, qui caractérisent tellement « la personnalité », commencent à caractériser aussi la philosophie parce que, n'étant plus obligatoirement passionnelles et obscures, elles peuvent participer à l'ordre des réalités spirituelles, et donc universelles. On commence à voir de plus en plus clairement que les circonstances peuvent être elles aussi des objets spirituels, c'est-à-dire des objets de la connaissance pure. Bref, qu'elles sont elles aussi éternelles.

Voilà qui explique l'affirmation d'un penseur roumain (le professeur Nae Ionescu) selon lequel toute philosophie doit partir d'une expérience presque physique : par exemple, quelqu'un vous marche sur les pieds. Car, logiquement parlant, il ne serait pas possible de se faire marcher sur les pieds dans un monde parfaitement équilibré et orienté. Mais, puisque cela est, c'est que l'erreur est. Voilà donc le problème de la logique.

Tout cela a des implications encore plus profondes. En effet, le destin de la future métaphysique européenne dépend du statut d'éternité qu'on accordera ou non à la circonstance et à l'expérience. Ne doutons pas que l'atemporalité de l'expérience et sa valeur en tant qu'état pur – en d'autres termes, l'éternité de tout fait personnel, réel – seront abordées par la métaphysique européenne.

*

Pour une révision globale du vocabulaire. On a créé des clichés, des schémas mentaux qui nous empêchent de penser efficacement. Par exemple : le politique, la politique, le spirituel, l'action, l'instrument, la pensée, la contemplation, etc. Autant de mots qui ne disent rien, mais auxquels correspondent des schémas mentaux désastreux. Chaque fois que nous les entendons ou les lisons, ces mots, ou d'autres qui leur ressemblent, mettent en place automatiquement un schéma mental complètement faux.

Par exemple, quand nous lisons le mot « politique », le schéma mental suscité automatiquement nous présente les notions suivantes, liées organiquement entre elles : action réelle, précision dans les mouvements, efficacité, gros intérêts (ou intérêts mesquins, parce qu'il y a aussi un schéma mental parallèle, péjoratif), combat, tactique, etc. Et quand nous rencontrons le mot « spirituel », un schéma mental forgé par de nombreuses lectures et par de non moins nombreuses conversations confuses nous présente les notions que voici : abstraction, renoncement aux réalités, solitude, isolement, manque de vie, incapacité d'agir, absence d'intérêt immédiat, etc.

Outre qu'ils sont faux, tous ces schémas mentaux sont inefficaces, puisqu'ils ne nous aident pas à penser. Nous en usons seulement parce que nous les avons assimilés avant un certain âge.

La pensée ne doit pas être seulement réelle, elle doit être également efficace; autrement dit, elle ne doit pas seulement nous conduire jusqu'aux choses, elle doit également nous apprendre à nous en approcher plus facilement et plus sûrement. A cause d'un vocabulaire usé, confus, improvisé, personne n'arrive plus à penser efficacement. Il faut annuler tous ces mots qui ne disent plus rien, ou qui faussent ce qu'ils disent. Pensez directement et vous constaterez qu'en cherchant à chasser la spiritualité de l'action et de la vie, de la réalité, les schémas mentaux se livrent à une tentative absurde. On nous débite aujourd'hui une quantité d'énormités sur « la primauté du politique », sur « la lutte des classes », sur « la vie révolutionnaire », qui ne sont rien d'autre que des automatismes mis en œuvre par les schémas mentaux.

*

Un autre signe de la transparence et de la débilité de l'époque que nous dépassons aujourd'hui : l'absence de la notion de péché, de faute généralement humaine. On met l'accent sur l'erreur (individuelle), sur la faute de nature technique, due au hasard, sur l'incapacité (personnelle), mais nous ne tenons plus compte du *péché* général quand nous jugeons les actes d'un homme ou l'orientation d'une nation.

Le péché, il y a longtemps déjà que nous l'avons évacué de nos pièces mentales. D'où le goût insipide que nous laissent toutes les démonstrations portant sur l'homme. Nous avons l'impression d'entendre un discours qui n'a guère de racines dans la réalité, dans l'humain. Chaque fois que nous lisons quelque chose de « général » à propos de l'homme – écrit par un moderne –, nous avons la pénible sensation de perdre notre temps.

*

L'époque que nous sommes en train de dépasser ressemble beaucoup au syncrétisme philosophique et à l'alexandrinisme classique. Des gens qui ne croient pas et qui acceptent pourtant la croyance. Ils admettent la possibilité de l'expérience religieuse, de la connaissance mystique. Ils sont très nombreux à penser aux croyances et à en parler. Un intérêt relatif pour toutes. Ils s'essaient à la synthèse par juxtaposition, pas par élimination; à l'unité par l'agglomération, pas par l'intolérance. (D'ailleurs, l'intolérance politique que nous constatons dans certains pays est probablement le signe avant-coureur du monde à venir. Un monde qui sera barbare au commencement. A comparer avec l'intolérance chrétienne à la fin de l'empire romain.) Enfin, la phénoménologie, c'est-à-dire la méthode qui explique l'invisible de la même façon que le visible.

*

L'homme de goût, de bon goût, manque presque toujours d'instruction. Ou, en tout cas, d'informations sur tout ce qui dépasse la sphère pour laquelle il a préparé son « bon goût » (les lettres classiques, la littérature française, l'art classique ou moderne). L'information et la curiosité gâchent le goût. Elles l'élargissent sans arrêt, elles le rendent syncrétiste, relativiste, et finissent par l'annihiler. Qui aime trop de choses n'aime pas seulement les belles choses. Qui comprend trop bien la nature humaine comprend mal l'art et la beauté. Il commence à perdre son intolérance, le seul critère fixe du bon goût.

Un homme de bon goût n'aime pas le baroque. Un homme informé l'adore (par exemple, Eugenio d'Ors). Un homme de goût ne peut pas aimer l'architecture indienne, brutale, monstrueuse, dépourvue de perspective et de sens. Du reste, tous les hommes de goût qui en ont parlé l'ont trouvée franchement horrible. Il a fallu que viennent d'autres gens, formés non à l'école du bon goût, mais à celle de l'orientalisme ou de l'anthropologie, pour nous expliquer l'art indien et nous le faire aimer.

Ce qui est triste dans cette affaire, c'est que, si l'on renonce à l'intolérance, on est contraint de renoncer également au goût. Le critère du beau n'admet pas le syncrétisme. Tandis que l'information et la culture mènent à une tolérance totale envers tout ce qu'a produit l'effort humain. Une peinture rupestre, une poterie sumérienne, un coquillage mélanésien, une charrue, une maison, un tapis, une chanson – l'information explique tout, fait tout comprendre. Et si l'on comprend, on ne peut pas ne pas aimer. Mais celui qui comprend *tout* peut-il encore être appelé homme de goût?

L'homme de goût doit choisir, il doit comparer tout ce que l'expérience lui apporte de nouveau avec ses canons solidement édifiés (édifiés sur une certaine culture) et rejeter tout ce que ceux-ci ne justifient pas. Lorsqu'il a rejeté Dostoïevski, Anatole France l'a fait au nom du bon goût. Et il avait parfaitement raison. Aujourd'hui, Dostoïevski est accepté par le bon goût. Et combien d'autres ne le sont-ils pas! Eugenio d'Ors s'est battu pour introduire le baroque dans la sphère du bon goût, sans y arriver. Mais l'art des Esquimaux, mais celui des Mongols, mais celui des Mélanésiens? Le modernisme s'est réclamé quelquefois des expériences artistiques « primitives ». On peut cependant se demander avec quel sérieux et, surtout, avec quel succès. D'autant plus que le nombre de ces expériences « primitives » était extrêmement réduit.

Tout cela est facile à comprendre. Le bon goût est bâti sur le passé, sur un certain passé. Et la culture est bâtie sur l'expérience de tous les passés et, surtout, sur le présent, sur ce qu'on découvre, apprend et aime *aujourd'hui*. Celui qui veut tout savoir de la solidarité de l'espèce humaine dans son effort vers la connaissance et l'amour, celui-là doit renoncer au bon goût. Mais celui qui veut rester un bon critique d'art (quel que soit l'art), celui qui veut conserver et affiner son bon goût, celui-là doit protéger à tout prix son ignorance. Car seule l'ignorance (relative, c'est-à-dire limitée à certains domaines) sait affirmer résolument la hiérarchie des valeurs.

*

On a enregistré en 1933 un nombre record d'essais littéraires et philosophiques sur la mort. Les jeunes écrivains et penseurs roumains se sont penchés aussi sur ce problème essentiel.

J'ai toujours pensé que ceux qui ne s'interrogeaient pas sur la mort ne pouvaient pas vivre leur vie d'une façon complète et compétente. Je crois néanmoins qu'il y a là un grave malentendu qui rend vains jusqu'aux efforts les plus superbes visant à appréhender la réalité de la mort. En effet, tous ceux qui ont traité de la mort sont partis de réflexions philosophiques ou d'expériences personnelles. Or, la mort – tout comme la vie – refuse son sens ultime à celui qui est seul, à celui qui la contemple en tant qu'individu. Envisagée d'un point de vue personnel, elle ne révèle que ses caractères surperficiels : le transitoire, l'évanescence, la perte.

Et, d'un point de vue philosophique, raisonnable, abstrait, théorique, elle se révèle soit comme un phénomène naturel (et qui, en tant que tel, ne concerne pas la conscience intime), soit comme un mystère, comme un paradoxe.

Dans un cas comme dans l'autre, on ne débouche pas sur la *réalité* de la mort, mais seulement sur sa *constatation*. Chacun constate que la mort existe et cela le mène à toute une série de lamentations, de prémonitions, d'aphorismes. De belles choses, certes, mais sans aucun rapport avec la réalité de la mort.

Il y a quelques années, quand la mort n'était pas encore devenue une mode, un problème de premier ordre, j'ai publié une série d'articles sur la pédagogie et sur l'art de bien mourir, sur l'apprentissage de la mort. Je n'inventais rien. A partir de documents authentiques, asiatiques et européens, j'essayais d'être en prise avec ce mystère plus directement et concrètement que je ne l'aurais été grâce à ma propre expérience ou à des réflexions théoriques.

La mort, cela s'apprend. Au début, on n'y comprend rien, tout comme on ne comprend rien à la vie. Elle a sa grammaire à elle, son dictionnaire à elle. Tout comme personne ne peut apprendre une langue complètement différente de la sienne en se contentant d'écouter ceux qui la parlent pour essayer de deviner ce qu'ils disent (on ouvre la grammaire et le dictionnaire et on se met à étudier les leçons, l'une après l'autre), on n'apprendra pas la mort tant qu'on se contentera de donner des avis sur ce qu'elle pourrait être. (Il va de soi que je ne compare pas l'apprentissage de la mort à celui d'une langue étrangère. C'est une image, rien de plus.)

Des documents existent. Ce sont le folklore et « les livres des morts » (égyptien, tibétain, celtique, judaïque). La mort ne peut pas être comprise par l'homme, elle peut l'être seulement *par les hommes*. Enclose dans l'homme, dans l'individu, l'intuition fantastique, celle qui peut appréhender globalement et essentiellement la réalité, est morcelée et, surtout, altérée. Chez un individu, le fantastique est une névrose; dans une collectivité, il est du folklore. Tout comme l'irrationnel (tellurique ou céleste), il ressemble à une lymphe parcourant tout l'organisme de la vie sociale, mais se décomposant, pourrissant dans l'isolement, dans l'individuation.

Les histoires fantastiques, même écrites par un génie comme Edgar Poe, nous répugnent en raison de leurs exaltations névrotiques, pathologiques, inhumaines, démoniaques. Le fantastique folklorique, au contraire, nous met directement en contact avec une réalité irrationnelle mais concrète, avec une expérience sociale dans laquelle s'est concentrée l'intuition globale de la vie et de la mort.

Seuls nous apprennent quelque chose sur la mort ceux qui l'ont connue, qui l'ont cultivée, qui se sont entretenus avec elle pendant de longs siècles d'attente, pendant des nuits apocalyptiques. Ceux qui l'ont connue sans mourir. Pour paradoxal que cela paraisse, c'est vrai; simple et vrai. C'est dans une intuition réelle, folklorique, qu'on peut rencontrer la réalité de la mort, connaître ses octrois, comprendre son ténébreux destin. Un homme qui meurt dans une légende a plus de prix (de ce point de vue, celui de *la connaissance*) que tous les héros qui meurent dans tous les romans modernes.

Dans les romans, l'homme meurt *individuellement*, il meurt pour son propre compte; l'émotion qu'il suscite en nous est esthétique, sans plus. Dans les légendes, l'homme qui meurt exprime tout le problème, *réel (pas artistique)*, de la mort. L'histoire de sa mort est rendue de telle manière (avec des moyens magiques, avec le rythme et la sonorité du fantastique) qu'elle nous communique une émotion réelle, objective, et non esthétique. Dans le folklore, la mort est une connaissance aussi concrète que dans la religion. Parce qu'elle garde un contact direct et vivant avec l'essence même de l'existence humaine, un contact magique, fantastique, que ne peut maintenir que la vie sociale, tandis que l'individualisation l'annule.

La représentation de la mort dans le folklore est le meilleur instrument de connaissance pour qui veut étudier cette réalité dont tout le monde parle aujourd'hui. Retournez aux sources, lisez bien et vous comprendrez que chacun rencontre la mort à laquelle il croyait, la mort qu'il se représentait.

*

Qu'est-ce qui distingue une œuvre littéraire d'une autre dans un même pays et à la même époque? Qu'est-ce qui rend semblables une création littéraire folklorique des Balkans et une d'Australie? Ou une légende folklorique asiatique vieille de deux mille ans et une créée de nos jours dans les Pyrénées ou les Vosges? Deux écrivains du même pays et du même âge produiront des œuvres fondamentalement différentes. Il en va de même pour les autres artistes, peintres, sculpteurs, etc. Mais si l'on compare les œuvres folkloriques entre elles, quelles que soient leur époque et leur origine géographique, on constate aisément qu'elles ont un air de famille.

Cette similitude est due à *la présence du fantastique* dans toutes les productions folkloriques. La vie sociale qui crée le folklore (bien que celui-ci soit toujours réalisé par un individu qui sait concentrer l'émotion collective) imprime une certaine magie aux formes verbales, aux rythmes, aux schémas dynamiques. La création folklorique est un processus indissociable du subconscient humain (pas individuel) de tous les temps. Elle est un contact direct avec le fantastique. La création « cultivée » se sépare de cette trouble magie; elle exprime une vision personnelle du monde, une émotion obtenue individuellement et non pas en participant à celle de la collectivité dans son ensemble.

Il y a quelque chose de concret et de positif dans cette ressemblance fondamentale entre toutes les productions folkloriques. Et ne parlons surtout pas de « mentalités primitives », de « surperstitions », etc. Elles n'ont que faire ici. Elles sont le milieu nourricier dans lequel plongent profondément les racines de l'instrument de la connaissance mythique, symbolique, fantastique.

On trouve dans le folklore une connaissance concrète qu'on ne trouve dans l'œuvre d'aucun grand lettré, d'aucun grand artiste. Il faut être un Dante, un Shakespeare, un Goethe, un Dostoïevski pour faire de son œuvre un instrument de connaissance. Tandis que chaque production folklorique peut être un instrument de connaissance, parce qu'elle participe de la présence fantastique qui permet d'accéder aux racines des choses, de percevoir la substance de la réalité, d'exprimer les limites de la vie et l'infinitude de la mort.

*

Selon moi, ce n'est pas Charlie Chaplin qui souffre le plus dans *les Lumières de la ville*. On a parlé si élogieusement du tragique de ce film que je n'essaierai pas de le commenter ici. Mais on a exagéré « la souffrance » de Charlot. Quelqu'un qui souffre sans arrêt, qui se déplace sur une ligne tragique entrecoupée de comique et de grotesque, mais jamais d'*oubli* ni d'inconscience, finit par atténuer sa souffrance, par la neutraliser ou presque.

Il en va différemment de l'autre personnage masculin du film, le richard menant deux vies parallèles et ayant deux consciences qui ne se croisent jamais. Son tragique dépasse toutes les limites. Il s'éveille à une vie nouvelle (quand il s'enivre) et oublie totalement celle de tous les jours (quand il est sobre). Si Chaplin a du génie, il ne fait aucun doute que son génie se réalise définitivement dans ce film qui symbolise avec une rare discrétion, mais avec précision, l'éternel dualisme de l'âme humaine, l'éternelle double vie de chacun d'entre nous. Car le tragique réside précisément dans le fait de ne plus pouvoir mener une certaine vie, dans le besoin obscur de l'oublier, de lui échapper, pour retourner à la vie d'avant. Nous oublions une vie, une façon de vivre et de comprendre le monde, pour les retrouver le lendemain. Nous nous débattons sans cesse entre deux mondes, nous vivons deux vies complètement séparées, nous sortons tour à tour de l'une ou de l'autre, nous nous réveillons dans l'une et nous oublions l'autre, mais jamais nous ne l'oublions complètement.

Cette impuissance à oublier définitivement, à conclure ou à liquider définitivement une vie au détriment de l'autre, nourrit un tragique des plus authentiques. Imaginez le richard des *Lumières de la ville* : sa double vie (double comme l'est la vie de tous les hommes) l'arrache régulièrement à un enchaînement d'expériences pour le jeter dans un autre, où il retrouve sa mémoire, ses jugements de valeur, ses manies tempéramentales, bref tout ce qui constitue une vie complète. Il y a une solution de continuité entre les deux vies : elles sont séparées par une sorte de « bond qualitatif » extrême, car chacune alimente une seule des deux personnalités, lesquelles ne se rencontrent jamais.

Le tragique ne réside pas dans ce dualisme, il réside dans son retour périodique, dans le destin de l'homme, qui ne peut pas conclure définitivement l'une des deux personnalités. En se prolongeant, le dualisme produit le tragique et le prolonge à son tour jusqu'à ce qu'il s'identifie au destin.

*

Il y a des gens qui, lorsqu'ils lisent, assimilent si personnellement le matériau du livre qu'ils ne le mémorisent pas, qu'ils n'en retiennent ni les détails ni les schémas généraux. Ils s'en souviennent comme d'une mélodie, ils ne gardent que l'état d'âme provoqué ou précipité par la lecture. D'autres lisent et retiennent; il ne s'agit pas de mémoire, mais de la joie qu'ils éprouvent en découvrant, dans la teneur des livres, des objets qu'ils peuvent aimer, sur lesquels ils peuvent réfléchir, avec lesquels ils peuvent faire de *la culture* ou de l'art, etc.

Je connais des lecteurs prodigieux qui ne peuvent parler que d'une manière très vague, très générale, des livres qu'ils ont lus. J'en connais d'autres, qui ne savent presque rien d'un livre, mais qui peuvent en dire des choses admirables, qui s'en souviennent et qui les commentent avec une adresse surprenante.

Il ne faut pas confondre ces deux sortes de lecteurs. Nous apprécions – et c'est justice – ceux qui gardent la mémoire vivante des livres, qui peuvent en citer de longs passages, qui peuvent nous parler de leurs auteurs favoris et faire à tout moment des exégèses. Et pourtant, les lecteurs les plus précieux sont ceux qui *oublient* les livres, qui assimilent si personnellement les pensées ou les émotions des auteurs qu'ils ne se rappellent pas où ils les ont puisées, qui réussissent à transformer la difficile fonction de la lecture en fonction organique, naturelle, imitant par là le geste de la nature (laquelle ne conserve jamais les contours des objets assimilés, leur *mémoire,* mais en tranforme sans cesse la substance). Les auteurs préfèrent avoir un maximum de lecteurs de la première catégorie. Pour ma part (me rappelant ce qu'écrivait André Gide à propos de Remy de Gourmont), j'aimerais avoir uniquement des lecteurs *m'oubliant* dès qu'ils m'ont lu; qu'il y ait une osmose parfaite entre la substance de mes écrits et la sensibilité de mes lecteurs.

*

La grande difficulté à laquelle se heurte le romancier moderne est la suivante : il doit insuffler à ses personnages une vie intérieure inauthentique, formée de sentiments démodés et de truismes, parce que la plupart de ses contemporains ne connaissent pas d'autre mécanisme psychologique, n'ont pas d'autres expériences intérieures. Alors, son roman fait désuet et ses personnages ont l'air connus, trop connus. Car il se heurte à un curieux dilemme : ou bien il leur donne une véritable vie intérieure, telle que l'ont rendue possible les expériences de ce siècle, et dans ce cas son livre ne paraît pas *réel,* pas vrai, et donc pas authentique, ou bien il les laisse tels qu'ils sont, tributaires d'une vie intérieure machinale, conditionnée par de vieux schémas et de non moins vieux sentimentalismes, et dans ce cas ils ne sont pas authentiques et son livre n'est pas moderne. Mais l'authenticité d'un vrai roman est égale à l'inauthenticité de ses personnages. Car, en fait, ainsi sont les hommes : inauthentiques, automatisés. Et si l'on veut les représenter tels qu'ils sont, on doit conserver ce qu'ils ont de spécifique : *leur inauthenticité*. Mais alors, le roman ne présentera aucun intérêt, puisque les personnages y penseront, sentiront et parleront comme dans tous les autres romans depuis une centaine d'années...

A la vérité, le processus réalisé par la culture moderne n'a pas encore été assimilé par les gens. Ce que nous ont enseigné la psychologie, les arts, les sciences modernes n'a pas dépassé la sphère purement intellectuelle de notre conscience. Un moderne peut parler à merveille de la relativité, de l'expressionnisme, de la nouvelle biologie, mais sa vie intérieure est restée machinale, ses réactions sont restées primaires. Si nous pouvions graver sur un disque de phonographe ses rêveries, ses pensées, ses sentiments, leur infériorité nous effraierait. Nous y découvririons les truismes les plus pénibles, le sentimentalisme le plus plat, l'incohérence la plus détestable. Et pourtant, il connaît toutes sortes de choses qu'on ignorait en 1880, il juge et apprécie l'art moderne, il pense sur les traces d'une philosophie moderne...

Fatalement donc, chez un romancier qui veut surprendre le cours caché de la vie intérieure de tous ses personnages, ceux-ci paraîtront *dépassés,* ils auront l'air de types connus, neutres. Mais, les gens étant ainsi, cela signifie que le roman est authentique. Autrement, on écrirait un livre dans lequel la vie intérieure des personnages serait en harmonie avec leur vie extérieure, ce qui est soit une exception, soit une contre-vérité.

Cela dit, la seule question importante est celle-ci : comment faire comprendre au lecteur que ce qu'il trouve banal et inauthentique dans un roman est sa seule authenticité valable?

*

Je voudrais lire un roman dont les personnages n'auraient pas d'opinions. Ce serait sans doute le summum de l'authenticité accessible à la création littéraire : des personnages qui, n'ayant pas d'idées personnelles, en emprunteraient et les argumenteraient ou les réfuteraient selon les circonstances. Observez les modernes : pour eux, seules comptent les circonstances. Un certain jour, à une certaine heure, dans une certaine situation, ils font une affirmation, ils y croient, ils la défendent, ils n'en démordent pas. Dans d'autres circonstances, ils pensent et soutiennent, sinon le contraire, quelque chose qui est en tout cas différent, *à côté* de ce qu'ils prônaient auparavant.

Les modernes n'ont pas d'opinions ni de croyances : ils en empruntent selon les circonstances. Ayant bien observé quelques-uns de mes contemporains, j'ai vérifié leur adaptation permanente aux circonstances. Ce n'étaient ni la vérité ni les idées qui comptaient dans la discussion; c'étaient la tension psychique, les circonstances « historiques » (si l'on me passe cette expression). Le plus souvent, les gens ne parlent pas pour exprimer une certaine opinion ou pour défendre la vérité, ils parlent suivant *les circonstances,* suivant « l'événement » psychique ou leurs lignes de force du moment.

On dit que les gens changent. C'est une exagération. Ils ne changent pas, parce qu'*ils ne sont pas,* jamais. Sur les dizaines de circonstances par lesquelles ils passent – et dans lesquelles ils parlent, à propos desquelles ils pensent –, il y en a quelques-unes qui se répètent, qui sont plus vigoureuses, plus accentuées que les autres.

Ils en font évidemment une espèce de squelette théorique, un « système » embryonnaire. Que, non moins évidemment, ils quittent sans difficulté; et alors, dit-on, ils ont changé d'idées, « ils changent »...

Ce qui m'étonne, c'est que je n'ai pas encore rencontré dans la littérature cette authenticité humaine. Je n'ai pas encore lu un roman où un personnage ferait une affirmation un jour et une autre le lendemain, comme cela se passe dans la vie. Les personnages des romans sont formidablement conséquents en ce qui concerne *leurs opinions*. Proust et ceux qui l'ont suivi ont admirablement illustré l'inconsistance, la pluralité et l'ambiguïté de tous les sentiments, de toutes les vanités et les rêveries des hommes. Mais aucun, à ma connaissance, n'a réalisé cette grande authenticité en écrivant un roman dans lequel il aurait dépeint les hommes tels qu'ils sont sur un autre plan également, le plan « rationnel » : des hommes n'ayant pas d'opinions, ayant seulement des réactions personnelles en fonction des circonstances.

*

Je recommande aux gens qui croient au progrès ininterrompu de la science et de la civilisation la lecture d'une monographie de Lucian Thorndike, *A history of magic and experimental science*. Vous y verrez avec quelle inconscience tragique les gens répètent « les vérités » de leur temps. Le plus déprimant n'est pas que des hommes intelligents de l'Antiquité et du Moyen Age aient commis de grossières erreurs, mais que des centaines d'autres hommes intelligents les aient répétées et accumulées au cours des siècles. Déprimant, en effet, le spectacle d'une humanité qui s'entête à croire à une « vérité » contre toute évidence. Que l'Église catholique ait prolongé quelques-unes des erreurs de l'Antiquité (en même temps que de nombreuses vérités fécondes) ne m'inquiète pas; mais je m'inquiète de la voir attaquée pour cette raison. Les gens la tiennent obstinément pour une peste, pour un fléau, parce qu'on leur a inculqué dans leur jeunesse une « vérité » scientifique pleine de pareilles inepties au sujet de l'Église et de la religion.

Les vérités ne sont pas moins dangereuses que les erreurs. Lorsqu'on se cramponne à une « vérité » (qu'on a empruntée dans sa jeunesse, avant de s'ossifier spirituellement), on ne peut plus rien voir d'autre dans toute la réalité environnante. On ne peut plus avancer, on est condamné à « comprendre » pendant toute sa vie ce seul secteur de réalité qu'on a choisi au moment de se solidifier.

Si l'homme savait renoncer aux vérités aussi librement qu'il renonce aux erreurs, on pourrait peut-être parler d'évolution et de progrès. Mais on voit des gens chez qui les vérités résistent terriblement, alors qu'elles sont caduques depuis longtemps. Par exemple, l'évolutionnisme. D'hypothèse plus ou moins justifiée en biologie, il est devenu le fondement de toutes les sciences, la superstition de tous les entendements. Il y a des gens qui ne peuvent plus rien comprendre parce qu'ils ne sont plus libres d'accepter une autre hypothèse, d'essayer une autre méthode, d'adopter un autre point de vue.

On ne saurait imaginer à quel point les vérités freinent le progrès de l'humanité.

*

Comparez le succès de l'hégélianisme dans la première moitié du siècle passé avec celui du freudisme dans la première moitié du nôtre. Tous deux des clés expliquant la réalité et l'expérience d'une manière absolue. Tout s'explique – mais comment? Par l'identité entre l'intérieur et l'extérieur. Chez Hegel, ce sont des concepts métaphysiques; chez Freud, des « concepts » psychologiques. Vulgarisation et automatisation des explications; tout peut être compris par tous; explications en série. Il n'y a plus rien d'individuel, d'imprévu, de gratuit, d'aristocratique, plus de saut libre. L'identité intérieur-extérieur explique tout. Tout a sa raison d'être, son explication, sa nécessité. L'art de supprimer les difficultés.

Voyez à présent la différence entre l'hégélianisme et le freudisme. Le premier est abstrait, le second semi-abstrait, dilettante, démagogique, libertin. Pour le premier, l'Absolu avec une majuscule; pour le second, sa dégradation, sa laïcisation. Au cours des cent ans qui les séparent, quelque chose est intervenu : la démocratie, la culture en série, pour tous et pour n'importe qui. L'hégélianisme vous demandait d'être philosophe pour tout comprendre, absolument tout; le freudisme vous demande seulement d'être pédant.

*

Si l'histoire des civilisations et l'histoire en général peuvent nous apprendre quelque chose, ce sera certainement ceci : rien n'est détruit par la critique, rien n'est justifié par la raison; la négation ni l'affirmation d'une valeur ne dépendent de notre intelligence ou de notre volonté; une valeur est supprimée seulement par l'apparition d'une autre, un sens est annulé par la création d'un autre, une conception du monde reste debout (aussi absurde, arriérée et chancelante fût-elle) tant qu'une autre ne vient pas la remplacer. Si nous pouvons comprendre si peu que ce soit de ce mystère exaspérant de la vie et de l'histoire, nous devrons avouer que rien ne compte hormis le geste initial de la vie, *la création*. La perfection est une absurdité dont la vie ne tient jamais compte. Une chose parfaite est une abstraction, un idéal, une chimère. A la place de la perfection, la vie nous offre l'organicité [1], le vécu articulé, le style.

Quoi que nous fassions en mettant à contribution les ressources infinies de notre intelligence, nous ne pourrons pas aller au-delà de cette simple vérité : la seule justification d'un geste est son organicité. Inutile de réfléchir, inutile de critiquer, inutile de louer : une chose, un homme, un jugement résistent aussi longtemps qu'ils sont alimentés par la vie qui les entoure. Il y a une seule possibilité de négation : les dépasser, noyer leur vie dans une autre vie, plus vaste, plus dense, plus fertile.

Si l'on admet qu'il en est ainsi, la seule certitude pratique que nous pouvons utiliser pour articuler notre propre vie est celle-ci : *l'existence* doit coïncider avec *la création*; *être* doit signifier une création permanente, un dépassement ininterrompu, un enrichissement de la vie universelle grâce à des formes nouvelles et vivantes, à des gestes nouveaux et féconds. *Nous sommes* parce que notre vie est un organisme, c'est-à-dire une structure bien articulée, où la sève circule sans rencontrer d'obstacle, où les formes se complètent les unes les autres, où survivre signifie se créer sans cesse soi-même. Là, il n'y a pas de « supérieur » ni d'« inférieur »; on ne peut pas dire d'une forme qu'elle est meilleure qu'une autre. On peut seulement en dire qu'elle peut servir de modèle, de méthode, qu'elle peut être comprise par plus de gens, que ses valeurs sont plus petites ou plus grandes, qu'elle est plus

1. Mot apparemment calqué (en roumain) par Mircea Eliade sur l'italien *organicità*, « caractère organique ». *(N.d.T.)*

proche de l'universalité quand elle obéit à l'impulsion initiale de la vie.

La seule justification d'une existence réside dans la vie qu'elle renferme, dans son intensité, sa fertilité, sa profondeur. La joie, la lumière, la victoire, la charité, le dépassement (le dépassement perpétuel), l'espoir – voilà autant de preuves montrant que la vie gargouille là, pleine et organisée. J'estime un homme, une œuvre, une pensée selon leur authenticité, c'est-à-dire dans la mesure où ils se rapprochent de la coïncidence *existence = création.*

*

Les cultures ou les civilisations ne se trouvent jamais, les unes envers les autres, dans des rapports d'infériorité ou de supériorité. Il serait absurde d'affirmer, par exemple, que la civilisation océanienne est inférieure à la civilisation indienne et celle-ci à la civilisation méditerranéenne. Chacune a son *style* propre, et la notion d'« infériorité » ou de « supériorité » (tout comme celle de « perfection ») doit être appliquée *à l'intérieur* de ce style; elle ne peut avoir de sens qu'au regard de l'histoire de cette culture, des formes vivantes et mortes de cette civilisation.

Le seul critère de comparaison des cultures et des civilisations est leur degré d'*universalité*; certaines sont purement locales, d'autres sont (ou tendent à être) universelles, c'est-à-dire qu'elles ont une validité beaucoup plus élevée. Il n'existe évidemment pas de culture – si « primitive » fût-elle – qui ne puisse en féconder une autre. Mais certaines (celles du bassin méditerranéen ou de l'Inde) sont parvenues à sublimer leur style, leur type spécifique, pour en faire une *méthode*. Or, les méthodes sont, pour un certain temps au moins, universellement applicables.

Ceci ne signifie pas qu'une civilisation océanienne soit « inférieure » à la nôtre. Il y a des créateurs qui ont fait école et d'autres qui sont restés isolés. Il y a des familles de plantes qui comptent plus d'un millier d'espèces et d'autres seulement deux ou trois.

*

Dans une lettre à sa fille Marguerite Roper, illustre humaniste, Thomas More écrivait : « Nous ne devons pas chercher seulement la gloire dans les Lettres mais aussi et surtout la sagesse qui nous donne le bonheur. Tel est l'avis des *philosophes* les plus éclairés, ces pilotes habiles chargés par la providence de nous conduire sur la mer houleuse de la vie... »

Remarquez que les philosophes auxquels se réfère l'auteur de l'*Utopie* n'ont rien à voir avec les controversistes de notre époque. Ils recherchaient avant tout la sagesse, qui donne le bonheur; pas le bonheur mondain, cela va de soi, mais un état d'équilibre, de lumière intérieure et de consistance psychique qu'on ne rencontre plus guère de nos jours. Les philosophes d'aujourd'hui ont des problématiques, c'est-à-dire des obstacles dressés les uns après les autres sur le chemin de la réalisation personnelle, sur le chemin de la vie. Depuis Kant, depuis qu'on a commencé à confondre la théorie de la connaissance et la philosophie, l'ancien sens de celle-ci (sagesse – bonheur – équilibre intérieur – rédemption) a disparu. Voilà pourquoi nous trouvons maintenant ridicule l'ancienne équation « philosophie = bonheur ». Nous ne sommes plus capables de comprendre que, jadis, on faisait de la philosophie pour atteindre le bonheur; que, entre autres, elle était assimilée à l'érotisme. Pourtant, les Anciens trouvaient une très intéressante analogie entre ces deux « fonctions », toutes deux réelles (et donc pas dilettantes), toutes deux visant à un bonheur laïque (en dehors de la grâce), toutes deux conférant un sens à l'existence, un sens créé par toute une série d'expériences.

Nous autres, modernes, qui connaissons la vie spirituelle uniquement dans le cadre d'une problématique, d'une « recherche » dramatique (catastrophique serait plus précis), nous avons beaucoup de mal à comprendre l'analogie entre la philosophie et le confort spirituel.

Nous croyons que celui-ci est une attitude sceptique illustrée par un Renan ou par un Anatole France, mais nous oublions que, bien avant ces sceptiques douillets, il était recherché et vécu *réellement* par de très nombreux philosophes.

En instituant la primauté de la théorie de la connaissance dans la philosophie, Kant y a introduit une sécheresse et une ascèse laïques qui l'ont considérablement éloignée du confort spirituel, de la sagesse et de la rédemption. Ceci explique d'ailleurs pourquoi tous les esprits vivants de notre temps se sentent obligés de se dresser contre la philosophie en tant que telle. Les grands penseurs qui ont apporté une contribution effective à ce concept moderne, de Nietzsche à Heidegger (en passant par des philosophes de métier, comme Bergson, Max Scheler et Chestov), se sont déclarés dès le début de leur maturité contre la philosophie en tant que théorie de la connaissance. D'ailleurs, depuis quatre-vingts ans environ, l'Europe et la pensée européenne n'apprennent et ne progressent que grâce à des hommes comme eux.

*

Saviez-vous que Montaigne a été le premier apologiste des « primitifs »? Dans les *Essais* (Livre III, chapitre VI), il parle avec enthousiasme de la naïveté, de la pureté d'âme et de l'humanité des Indiens des Amériques. Les vices des Européens et le virus de « la civilisation » sont artistement opposés aux vertus naturelles des Amérindiens. « Quant à la hardiesse et courage, quant à la fermeté, constance, résolution contre les douleurs et la faim et la mort », Montaigne ne craint pas de les comparer « aux plus fameux exemples anciens ».

Beaucoup de gens croyaient que l'éloge de la simplicité naturelle des « primitifs » était propre au XVIIIe siècle. Or, nous le trouvons déjà chez Montaigne. Mais il illustrait la sagesse des Amérindiens par des exemples gréco-romains. Il attribuait à ces « naïfs » une morale civique que la Renaissance avait vulgarisée. Et voilà « les primitifs » en train de parler et d'agir comme dans les *Vies parallèles* de Plutarque.

Cette imbrication organique du monde gréco-romain et de l'exotisme du Nouveau Monde caractérise le style baroque (analysé par Eugenio d'Ors). Alors, à une deuxième lecture, Montaigne apparaît comme le premier théoricien du baroque, ce qui brouille un peu nos cartes. Car il était considéré comme le premier des classiques du nouvel âge. Mais s'il se rattache au XVIIIe siècle – et on doit l'y rattacher –, l'histoire de la pensée européenne changera d'aspect.

Quoi qu'il en soit, je recommande à ceux qui aiment Montaigne de lire attentivement le chapitre VI du Livre III des *Essais*.

*

L'étymologie du mot « problème », que je viens d'apprendre par hasard, est intéressante à commenter parce que ce mot et son dérivé « problématique » ont suscité dernièrement de bruyantes polémiques.

Le grec *problêma* vient du verbe *proballein* et désigne

tout ce qui peut être jeté devant nous, volontairement ou non, sur notre chemin vers un but. Un obstacle donc, mais également une protection. Tel était son sens organique, universel : un point obscur entravant notre faculté cognitive. Par exemple, chez Eschyle, dans *les Sept contre Thèbes,* le bouclier du cinquième combattant était appelé *Kyklopôn bômatos problêma,* c'est-à-dire « protection ronde et mobile du corps ». Pour Eschyle, le mot « problème » avait un sens très direct, très réaliste. Il est vrai que, plus tard, le sens de « protection » s'est compliqué. Mais ce n'en était pas moins une « protection », ou un obstacle.

Entre-temps, les mathématiques ont privé le mot « problème » de son acception réelle, qui s'est effacée dans l'esprit des modernes. Alors que, jadis, le problème était une protection de l'esprit contre les erreurs et les confusions, un obstacle sur le chemin des approximations et des demi-vérités, il est à présent une complication dramatique créée par notre esprit. Quelque chose d'à moitié gratuit et inutile. Une intrusion insoupçonnée des mathématiques dans la vie spirituelle.

*

On lit avec beaucoup de mélancolie les ouvrages de science et de critique érudite ayant plus de cinquante ans. Plus ils sont exacts et rigoureusement scientifiques, plus ils sont mélancoliques. Je suis parfois tenté de penser qu'il ne restera pas grand-chose de tous ces ouvrages exacts, scientifiques, *vrais*; que plus ils sont rigoureux, moins il en restera. Un livre scientifique dans lequel subsistent des contre-vérités fondamentales, des sentimentalismes structurels, une volonté personnelle d'interpréter le monde ou l'histoire a plus de chances d'intéresser dans cinquante ans ou dans cent qu'un livre honnête ou parfait. En matière d'histoire plus encore que de littérature, un livre ne survit pas grâce aux vérités qu'il contient, mais grâce à la valeur humaine de son auteur. Le volumineux ouvrage du comte de Gobineau, *Essai sur l'inégalité des races humaines,* est loin d'être rigoureusement scientifique et il n'a jamais été accepté par les savants. On continue néanmoins à le lire, pour ce qu'il recèle de personnel et de tempéramental et non pour ses « vérités ». Depuis sa parution, cinq autres livres au moins ont été publiés sur le même sujet, cinq livres rigoureux, scientifiques, vrais, objectifs; au bout de quinze à vingt ans, ils ont sombré dans l'oubli pour toujours. D'autres les ont supplantés.

Il en va de même pour l'*Histoire critique* de Hasdeu [1]. Un livre plein d'hypothèses fantastiques et d'intuitions géniales, qui n'a été accepté par *la science* ni l'année de sa parution, ni plus tard. Et pourtant, on le lit; pour Hasdeu, pas pour « les vérités » qui s'y trouvent. Celles-ci, tellement changeantes, tellement perfectibles qu'elles en deviennent incroyablement relatives, sont à la portée de quiconque dans le dernier manuel, ou plutôt dans la dernière présentation de la dernière édition dudit manuel. Si l'on est un lecteur assidu et si, en se pressant, on finit le livre en un mois seulement, on est assuré de posséder « les vérités » en question pendant quelques mois, peut-être même pendant un an.

Il y a des livres qui réclament une maturation si longue qu'ils sont caducs, dépassés par la science, avant même de paraître. Ce fut à peu près le cas pour *Getica,* de Vasile Pârvan, ouvrage génial qu'on lira pour Pârvan, pas pour ses vérités, que chaque année qui passe rend plus douteuses.

1. *Histoire critique des Roumains jusqu'au* XIVe *siècle,* de Bogdan Petriceicu Hasdeu, historien, linguiste et écrivain (1838-1907). *(N.d.T.)*

Seuls résistent, dans le domaine de l'histoire comme dans celui des sciences, les livres personnels, ceux dans lesquels l'érudit ou le savant qui en est l'auteur semble faire son autobiographie. *Orpheus,* traité d'histoire des religions de Salomon Reinach, est un livre profondément erroné, superstitieux, personnel; un éloge de la tolérance, de la liberté individuelle; une théorie de l'origine des religions tout à fait fantaisiste. Pourtant, on le lit toujours. Parce que son écriture est personnelle et tempéramentale. Parce qu'il exprime une attitude; étriquée et inexacte, soit, mais une attitude. Je connais une dizaine d'autres traités de la même période, infiniment supérieurs, mais déjà désuets aujourd'hui. Dans dix ans, plus personne ne les lira.

L'histoire est une volupté trompeuse, une discipline qui ne sauve jamais ses adeptes les plus rigoureux. Elle assure la survie de ceux qui la font, pas de ceux qui l'étudient objectivement. Être objectif, c'est être passager, mortel. La subjectivité, la volonté personnelle, l'élan tempéramental, voilà ce que retient l'histoire. L'objectivité était réellement récompensée en d'autres temps, quand elle n'était pas devenue une « discipline scientifique », quand il n'y avait pas de moyens d'information, pas de bibliothèques renfermant des millions de tomes.

Un historien pourra être lu par les générations suivantes seulement s'il a ajouté quelque chose à la vie, à l'histoire concrète, seulement s'il a eu une puissante personnalité, s'il a réussi à faire violence à son environnement ou à le réfracter fortement par le prisme de sa personnalité.

Ayant obtenu l'instauration de « l'objectivité » comme critère unique de la vérité, la vie compense en gommant tous les martyrs de la rigueur intègre et scientifique et en ne gardant que la mémoire des grands subjectifs, des hommes qui ont traité l'histoire et la science d'une façon paradoxale, fantaisiste, personnelle.

C'est là un rythme que devraient étudier tous ceux qui veulent comprendre quelque chose à la fonction de l'histoire dans la culture contemporaine.

*

A notre époque, beaucoup de gens croient pénétrer et interpréter la réalité spirituelle grâce à des « expressions heureuses ». Par exemple, on dit que X... est un pythagoricien protéiforme ou Y... un pascalien sans gouffre, puis on brode toute une page autour de ces *trouvailles* * purement verbales, qui n'ont généralement aucun sens, en tout cas pas un sens digne de retenir l'attention.

Peu nous importe que Rubens soit « un privat-dozent sans auditoire » ou Dostoïevski « un illuminé des parchemins ». Trêve de plaisanterie! Comprendrons-nous mieux leur œuvre grâce à ces jeux de mots, à ces calembours qu'on peut répéter indéfiniment, dans une infinité de variantes, à propos de n'importe quoi et de n'importe qui? Ces « expressions heureuses » qui épatent les bourgeois de l'esprit sont un triste héritage du romantisme. Lequel faisait dire par exemple (solennellement, cela va de soi) : le christianisme est un astre mort, Judas est un glacier fondu dans la charité, l'homme est un fabuliste sans sujet, la femme est une migraine, etc. « Les biographes » de troisième ordre ont ranimé ce jeu des expressions afin de rendre plus grands, plus hermétiques ou plus fascinants les personnages dont ils racontent la vie. Ludwig, Zweig, Maurois – mais Zweig surtout – abusent jusqu'à la trivialité des « expressions heureuses ». Qui circulent maintenant partout.

On ne parle plus correctement. On n'écrit plus

substantiellement. On parle et on écrit au moyen des « expressions heureuses », au moyen de nouvelles « interprétations », allégoriques, mystérieuses, métaphysiques. Savez-vous qui était Victor Hugo? Un monstre géologique persécuté par les libellules. Savez-vous qui était Pascal? L'imagination de son propre regret. Et Goethe? Le rêve des forêts allemandes qui, transformées en cellulose, se vengeaient de la hache teutonique et du schisme de Luther.

Une superstition naïve est très répandue chez les jeunes publicistes roumains : en inventant un jeu de mots quelconque, on surprend *de nouveaux aspects* de la réalité. J'ai montré à une autre occasion avec quel automatisme et avec quelle stupidité on pense de manière « paradoxale » : on dit à propos de n'importe quoi le contraire de ce qui en est dit d'habitude. Tout simplement. Ainsi, on fait du paradoxe, on fait de la pensée profonde, originale. Mais cette maladie mentale (car il s'agit incontestablement d'une pathologie) a pris de graves proportions. La pensée « paradoxale » est devenue pensée « profonde » et « originale »; elle est devenue la pensée des « expressions heureuses ». Lesquelles – est-il nécessaire de le préciser? – rencontrent un succès spontané auprès du public. C'est une médiocrité compliquée, une médiocrité transfigurée, alambiquée, majestueuse. Car il existera toujours un millier d'imbéciles qui liront en s'appliquant un texte pareil – par exemple, l'homme est un foulard oublié dans un nid d'hirondelles –, qui y réfléchiront longuement, puis qui s'écrieront : « Fortiche, le bonhomme! » Ils seront flattés : on aura fait appel à leur imagination, à leur capacité d'abstraction et de réflexion. Et cet appel flatteur sera récompensé : « Fortiche!... »

« Les expressions heureuses » sont intéressantes seulement quand elles appartiennent à la collectivité, quand elles ont été engendrées par l'évolution organique de la langue, quand elles font partie des argots ou des jargons professionnels. Elles sont alors une manifestation spontanée et authentique de certaines opinions, de certains jugements auxquels est parvenu un groupe humain. Voici, par exemple, une bien belle expression : « L'homme est comme un œuf. » Ce n'est ni un proverbe, ni du folklore. Et pourtant, c'est la plus forte formulation du sentiment d'évanescence de l'existence humaine. Le proverbe a été d'abord une « expression heureuse », mais que d'expérience collective derrière lui, que de précision dans les images, que de fantastique accumulé! Personne ne peut créer tout seul un proverbe. De même que personne, à moins de s'intégrer parfaitement dans une collectivité ou une corporation, ne peut contribuer au développement d'un argot ou respectivement d'un jargon.

EXHORTATION AU COURAGE

Il n'est désormais plus nécessaire de parler de nous. Tout le monde sait que nous vivons une heure triste et désespérée, que nous sommes vils et impuissants, enlisés dans la décomposition, la lâcheté et le cynisme. On n'entend partout que cris, médisances, critiques et jérémiades. Nous nous lamentons en oubliant la fierté, nous perdons notre temps à nous plaindre, nous gaspillons notre énergie à critiquer, à nier, à arguer. Si un étranger nous écoutait – sans observer notre vie –, il nous prendrait pour la plus maudite des nations, il croirait que nous sommes à la veille d'une catastrophe définitive, que tout est perdu, à jamais. Nous sommes vraiment un peuple qui n'a pas l'orgueil de la souffrance; ou, pour être précis, qui l'a perdu.

Du plus profond de cette décomposition, du plus profond de ce marécage social dans lequel nous vivons, un seul cri mérite d'être poussé : un cri de joie, de gloire, d'espoir, d'espoir prophétique. Un seul geste mérite d'être fait : le geste de la création, le geste de la vie qui sait tout reprendre à zéro, le geste furieux du maçon qui scelle chaque jour une fondation que le destin de la nuit va ébouler [1]. Du plus profond de

1. L'auteur fait allusion à un mythe de fondation illustré par une ballade du folklore roumain. *(N.d.T.)*

l'enfer contemporain, avec ses vapeurs méphitiques, avec ses lumières d'une phosphorescence cadavérique, avec ses misères humaines, avec sa dégringolade éthique, avec son chaos spirituel, une seule force doit dresser ses bras : le courage, l'orgueil de la souffrance, l'orgueil de la misère, l'orgueil de l'espoir désespéré. Lorsque tout pourrit autour de nous, pourquoi avoir peur? Notre vie peut tout recommencer. Lorsque tout perd son sens, lorsque tout devient néant et vanité, pourquoi se plaindre? Notre simple *présence vivante* foule aux pieds tout le néant du monde, toute la vanité de la création. C'est vrai, nous sommes bêtes et misérables, nous sommes des nains et des pécheurs, nous sommes des incapables, des canailles, des zéros, des médiocres, tout ce que vous voudrez. J'aimerais qu'en entendant ces vérités une douzaine de jeunes gens s'écrient : *Et alors?* J'aimerais qu'ils crient leur mépris du destin, de l'heure morose qu'il nous est donné de vivre, de notre pitoyable condition humaine, de tout ce qui est médiocre, lamentable et inerte dans notre tradition européenne, chrétienne et roumaine. Qu'ils crient tous les jours, devant tout le monde, devant tout ce qui se passe : *Et alors? Et alors?* Tout ce que vous dites est vrai, tout ce qui se passe est vrai, comme sont vraies notre tragique limitation et notre décomposition et l'évanescence de nos actes. C'est vrai, c'est vrai, c'est vrai! Et pourtant, crions : *Et alors?* Aussi longtemps que je suis vivant, que la vie est de mon côté, que le miracle de la création se trouve dans mon corps, dans mon sang, dans mon esprit, quelle puissance des ténèbres peut m'engloutir, quel mirage du néant peut me briser, quel chaos est assez grand pour se mesurer à l'incommensurable parcelle de vie qui m'a été octroyée?

Non, Messieurs, tout ce qui pourrit autour de nous n'est pas fait pour nous déprimer. C'est au contraire une exhortation de la vie, qui nous invite à imiter son geste initial : la création; la naissance; la renaissance. Une exhortation à la bonne humeur, au courage, à l'action. A une action ne signifiant pas un effort extérieur, mais constituant notre vie elle-même, son accomplissement, sa croissance victorieuse et organique. Que l'action soit notre vie. Éclairons-la, hissons-la bien haut, gardons-la inaltérée malgré toutes les forces obscures qui l'encerclent. Notre vie dans son intégralité est la seule réponse qu'aucune négation, aucune critique, aucune dynamite métaphysique ne peuvent démolir. La mort existe seulement pour ceux qui l'acceptent. La défaite existe seulement pour celui qui ne reprend pas le combat. Tout peut être détruit, tout peut être pulvérisé, tout passe, excepté le geste de la vie. Geste que nous portons en nous et dont notre existence est la justification.

Je trouve absurdes les objections qu'on m'oppose depuis quelque temps; aussi absurdes qu'inefficaces. L'un me dit : les Roumains sont pusillanimes et médiocres. C'est peut-être vrai. Et alors? Raison de plus pour nous acharner dans notre souffrance et notre création. Pour crier bien fort notre joie d'être roumains. Pour avoir *la certitude* que le courage de notre geste nous permettra de surpasser les modèles de perfection européenne ou asiatique dont certains jeunes cuistres nous rebattent les oreilles.

Un autre me dit : nous vivons une heure tragique, une heure qui interdit toute tentative de création, tout essor spirituel. Et alors, qu'est-ce que ça prouve? Plus l'heure est tragique, hostile, sombre, plus nous devons nous arc-bouter dans l'espoir, le travail, le courage. D'autres peuples souffrent plus que nous. D'autres gens ont subi des tragédies bien plus féroces. Prométhée, Œdipe, Antigone, Phèdre se sont débattus dans un enfer intérieur mille fois plus atroce que le nôtre.

S'ils se sont avoués vaincus, c'est parce qu'ils ignoraient l'espoir. Tandis que nous qui connaissons et la vie et l'espoir, nous qui vérifions quotidiennement notre désespoir par l'espoir, avons-nous le droit de nous plaindre, de critiquer, de nous résigner?

Le faire signifie manquer de courage. On a envie de tout laisser choir quand on entend des gens intelligents désespérer de notre condition humaine et sociale, crier sur les toits qu'ils souffrent, que tout est néant, que tout est vanité. Autant de balivernes. Qui ne prouvent rien. On peut crier pendant mille ans que la vie est vaine, elle n'en continuera pas moins de croître, de tout envahir, de clamer partout son triomphe. Toute critique est inutile et toute négation inefficace face à la vie. A la vie qui peut tout, en dépit de n'importe quel chaos ou de n'importe quelle catastrophe. La terre pourrait s'ébranler que cela ne signifierait rien. Si j'étais le dernier des hommes après un cataclysme dévastateur, je crierais encore une fois ET ALORS? Que peut la mort contre le miracle de notre existence vivante?

Mais personne ne veut tenir compte de ces choses simples. Il y a une panique du désespoir, une manie collective face au mal, une hystérie face à l'éphémère, une peur suggestionnée face au néant. Les gens sont obsédés par les ténèbres, par le chaos. Ils ont peur de la lumière parce qu'elle représente la résistance absurde à toutes les éventualités, parce qu'elle représente le dépassement continuel, la vie continuelle. L'obscurité et la négation sont bien plus confortables. On y est bien moins responsable. Il est bien moins courageux de désespérer que d'espérer contre toute évidence, contre tout espoir.

Allons, Messieurs, mettez un bémol à vos lamentations, à votre désespoir! Cherchez en vous une bribe de folie et d'action. Ranimez le ridicule ET ALORS? et lancez-le courageusement au milieu de la décomposition générale. La mort est tellement présente autour de moi que je ne sais comment refréner ma joie farouche à l'idée que sur les charognes s'élèvera demain un monde nouveau.

TABLE

OCÉANOGRAPHIE

CET OUVRAGE
A ÉTÉ COMPOSÉ
ET ACHEVÉ D'IMPRIMER
PAR L'IMPRIMERIE FLOCH
À MAYENNE EN OCTOBRE 1993
POUR LES ÉDITIONS DE L'HERNE

N° d'édition : 9444. N° d'impression : 33944.
Dépôt légal : novembre 1993.
ISBN : 2-85197-219-7 – ISSN : 0440-7273
(Imprimé en France)